스토리텔링으로 배우는

유쾌한

과학상식

스토리텔링으로 배우는
유쾌한 **과학상식**

1쇄 펴낸날 _ 2019년 2월 25일
지은이 _ 한선미

펴낸이 _ 이종근
펴낸곳 _ 도서출판 하늘아래
등록번호 _ 제300-2006-23호
주소 _ 서울특별시 종로구 이화동 27-2 부광빌딩 402호
전화 _ 02 374 3531
팩스 _ 02 374 3532
E-mail : haneulbook@naver.com

ISBN 979-11-5997-025-2 43400

스토리텔링으로 배우는

유쾌한

과학상식

한선미 지음

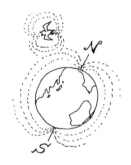

머리말

우리가 과학을 공부하는 이유는 원리를 이해하고 창의적으로 활용하기 위해서이다. 그러나 과학은 교과서 안에만 있는 것은 아니다. 우리를 둘러싼 주변의 모든 것 속에 과학의 원리는 숨어 있다. 이는 호기심을 가지고 조금만 둘러보면 바로 느낄 수 있는 일이다. 하다 못해 지금 들고 있는 연필과 볼펜, 지우개 속에도 과학은 녹아 있다.

과학은 원인과 결과, 그리고 그 과정을 이야기하는 분야이기 때문에 논리적인 사고를 기르기에 더없이 좋은 분야이다. 생각의 힘은 논리성에서 나온다. 그리고 생각의 힘은 관심과 호기심에서 나온다.

붉게 타는 저녁 노을을 보면서 어떤 사람은 무척 낭만적인 분위기에 빠져들고 또 어떤 사람은 왜 저녁 노을은 하필 빨간색일까 생각하기도 한다. 물론 두가지를 다 생각하는 사람도 있다. 하지만 그런 호기심을 그냥 호기심으로만 끝내지 않고 이유를 밝히고자 하는 노력이 필요하다.

컴퓨터로 연결된 사이버 세상은 무궁무진한 정보의 바다이다. 그 바다에는 먼저 고민하고 해답을 찾은 사람들의 엄청난 양의 데이터가 축적되어 있다. 그래서 몇 분만에 원하는 정보를 찾아 볼 수 있다.

과학은 생활이다. 어려운 기호와 공식으로 가득 찬 그런 난해한 영역만 있는 것이 아니다. 생활 속에 숨어 있는 작은 원리들을 발견하는 재미야말로 무엇과도 바꿀 수 없는 즐거움이다.

그럼 지금부터 즐겁고 신나는 호기심 탐험을 시작해보자.

목   차

머리말
목차

chapter 1 - 인체

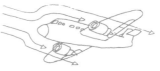

방귀는 왜 나올까? _12

사람들의 피부색이 다른 이유는 무엇일까? _14

숨은 얼마나 참을 수 있을까? _16

꿈을 연속해서 꾸고 싶은데 가능할까? _17

물은 왜 먹어야 될까? _19

사춘기가 되면 왜 반항과 방황을 할까? _21

눈을 찡그리면 왜 더 잘 보일까? _23

양치질을 하면 왜 입맛이 이상할까? _25

딸꾹질은 왜 하게 되는 걸까? _27

왜 추우면 오들오들 떨게 될까? _29

독감 예방 주사를 맞았는데 왜 감기에 걸릴까? _31

멀미는 왜 할까? _33

왜 뛰어다니면 땀이 날까? _35

이온음료를 마시면 건강에 좋을까? _37

변성기는 왜 올까? _39

갑자기 운동을 하면 왜 근육통이 생길까? _41

진짜 내 목소리를 들을 수 있을까? _43

눈물은 왜 짠맛이 날까? _45

아프면 왜 열이 날까? _47

왜 약 먹는 시간을 정해줄까? _49

매운 고추를 먹으면 왜 열이 날까? _51

배는 왜 고플까? ＿ 53

흰머리는 왜 생기는 걸까? ＿ 54

코가 막히면 왜 맛을 못 느낄까? ＿ 56

야채만 먹고도 성장할 수 있을까? ＿ 58

대변과 소변은 왜 색깔이 있을까? ＿ 60

상처가 나면 왜 딱지가 생길까? ＿ 62

소름은 왜 돋을까? ＿ 63

탄산음료를 마시면 정말 소화가 잘 될까? ＿ 65

땀띠는 왜 날까? ＿ 67

찬 음식을 먹으면 왜 머리가 아플까? ＿ 69

피부에 멍은 왜 드는 걸까? ＿ 71

혈액이 우리 몸을 한 바퀴 도는 데 걸리는 시간은? ＿ 73

왜 밤에 더 아플까? ＿ 75

핏줄은 왜 파랗게 보일까? ＿ 77

벌레 물린 데 침을 발라도 될까? ＿ 79

점은 왜 생길까? ＿ 80

왜 빙글빙글 돌면 어지러울까? ＿ 81

소금을 먹지 않으면 어떻게 될까? ＿ 83

피로회복제는 효과가 있을까? ＿ 84

사우나에서는 왜 화상을 입지 않을까? ＿ 86

이성을 좋아하게 되면 왜 얼굴이 붉어질까? ＿ 88

토막상식 : 나는 왼손잡이일까 오른손잡이일까? ＿ 90

 chapter 2 - 식물과 동물

하루살이는 정말 하루밖에 못 살까? ＿ 94

가을에 단풍이 드는 것은 왜일까? ＿ 95

코끼리 세포가 개미 세포보다 클까? ＿ 96

바나나는 왜 구부러져 있을까? __97

식물끼리는 어떻게 이야기할까? __98

닭은 왜 날지 못할까? __100

남극의 물고기는 왜 얼어 죽지 않을까? __101

식물은 꽃 피는 시기를 어떻게 알까? __103

나방은 왜 전등 주변을 맴돌까? __105

철새들은 어떻게 방향을 찾을까? __107

거미는 왜 거미줄에 걸리지 않을까? __109

연어는 어떻게 다시 돌아올까? __110

침엽수는 왜 항상 초록색일까? __112

전기뱀장어는 어떻게 전기를 만들까? __113

바닷물고기는 왜 강에서 살지 못할까? __114

대나무는 왜 속이 비어 있을까? __116

개미는 왜 높은 곳에서 떨어져도 살까? __117

해바라기는 어떻게 해를 보고 움직일까? __118

달팽이는 어떻게 집을 만들까? __119

전깃줄에 앉은 비둘기는 왜 괜찮을까? __120

곤충들은 어떻게 비를 피할까? __122

맹인안내견은 신호등을 어떻게 구별할까? __123

깎아놓은 사과는 왜 색깔이 변할까? __124

벌과 나비는 왜 꽃을 좋아할까? __125

소금에 절이면 왜 잘 상하지 않을까? __126

고추는 왜 매울까? __128

모기에 물리면 왜 가려울까? __129

냉장고의 바나나는 왜 검게 변할까? __131

선인장에는 왜 가시가 있을까? __133

토막상식 : 동물들의 평균 수명은? __134

chapter 3 – 도구와 기계

비행기는 왜 직선항로로 안 갈까? __138

나침반의 N극은 왜 북쪽을 향할까? __140

자명종은 어떻게 시간을 알릴까? __142

철길에 돌은 왜 깔았을까? __144

야광은 왜 밤에도 보일까? __146

달력은 어떻게 만들었을까? __148

에어컨을 켜면 왜 물이 생길까? __150

인공눈은 어떻게 만들까? __151

손난로는 어떻게 스스로 따뜻해지는 것일까? __153

반투명거울은 어떻게 만들까? __155

불에 넣어도 터지지 않는 부탄가스가 있을까? __156

주사는 왜 엉덩이에 맞을까? __158

자판기는 동전을 어떻게 구별할까? __160

스피커에는 왜 망을 씌울까? __162

볼펜 똥은 왜 생길까? __164

터널 속의 등은 왜 오렌지색일까? __165

비누로 씻으면 왜 깨끗해질까? __166

보청기는 어떤 원리로 듣는 걸까? __168

골프공에는 왜 홈이 많이 있을까? __170

톱날은 왜 어긋나 있을까? __172

수명이 다한 인공위성은 어떻게 할까? __173

진공청소기는 어떻게 먼지를 빨아들일까? __175

왜 유리에는 글씨가 써지지 않을까? __176

풍력발전기는 왜 날개가 세 개일까? __177

전자레인지는 어떻게 음식을 익힐까? __178

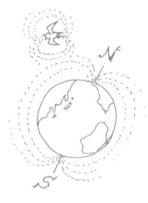

자석을 쪼개면 어떻게 될까? __180

잠수함은 어떻게 잠수할까? __181

양초는 심지가 타는 것일까? __182

왜 드라이아이스를 만지면 화상을 입을까? __183

비행기는 어떻게 하늘을 날까? __184

왜 커피를 마시면 졸리지 않을까? __186

충전지는 왜 다시 쓸 수 있을까? __187

교통카드는 어떻게 요금을 지불할까? __189

화재경보기는 불이 난 것을 어떻게 알까? __191

접착제는 어떻게 물체를 붙일까? __193

보온병은 왜 계속 따뜻할까? __194

시계 바늘은 왜 오른쪽으로 돌까? __196

로켓은 왜 날개가 없을까? __197

방사능은 왜 위험할까? __199

수돗물에서는 왜 냄새가 날까? __201

왜 종이는 색깔이 변할까? __202

왜 압력솥은 밥이 빨리 될까? __203

잔디의 줄무늬는 어떻게 만들까? __204

화랑의 벽은 왜 흰색일까? __205

왜 라면 면발은 꼬불꼬불할까? __207

불꽃의 색깔은 어떻게 만들까? __209

수술할 때는 왜 초록색 옷을 입을까? __211

동전이 신발 냄새를 없애는 것이 사실일까? __212

그릇이 왜 저절로 움직일까? __214

스피드건은 어떻게 속도를 잴까? __216

배에 걸린 깃발은 무슨 뜻일까? __217

토막상식 : 잘못 알려진 상식 11 __220

chapter 4 - 지구와 우주

장마는 왜 올까? _ 226

스모그는 왜 생기는 걸까? _ 228

신기루 현상은 왜 생길까? _ 230

지구의 산소는 왜 없어지지 않을까? _ 232

비가 내리는 속도는 어느 정도일까? _ 234

우주의 나이는 어떻게 계산할까? _ 236

해일은 왜 생길까? _ 238

왜 붉은 달이 뜰까? _ 239

물은 어떻게 불을 끌까? _ 241

태풍 이름은 어떻게 정할까? _ 242

맨몸으로 우주에 나가면 어떻게 될까? _ 244

왜 구름은 하얗게 보일까? _ 246

왜 물방울은 둥글둥글할까? _ 247

눈은 어떻게 만들어질까? _ 248

왜 버스에서 뛰어도 제자리일까? _ 250

물은 왜 100℃에서 끓을까? _ 252

왜 눈이 오면 염화칼슘을 뿌릴까? _ 253

환경호르몬이 뭘까? _ 255

안개는 어떻게 만들어질까? _ 256

얼음에 손을 대면 왜 달라붙을까? _ 257

바람은 어떻게 생기는 걸까? _ 258

우박은 어떻게 만들어지는 걸까? _ 260

왜 헬륨가스를 마시면 목소리가 변할까? _ 262

번개는 어떻게 만들어질까? _ 263

음이온은 왜 건강에 좋을까? _ 265

바다는 왜 파랄까? _ 266

무지개는 어떻게 만들어질까? _ 268

토막상식 : 날씨에 관한 속담 10 _ 269

chapter 1
인　　체

방귀는 왜 나올까?

"'피식~' 하고 슬며시 나오는 방귀는 소리 없이 강하고, '풍~뿌옹' 하고 나오는 방귀는 소리는 크지만 내실이 없다."

'수술이 끝나고 나서 방귀를 뀌지 않으면 밥을 안 준다.'

우리가 흔히 알고 있는 방귀에 대한 이야기들이다. 그런데 도대체 방귀는 왜 나오는 걸까?

사람들은 하루에 평균 열세 번 정도 방귀를 뀐다. 방귀인지 모르는 경우도 많다.

소장과 대장에는 보통 200ml의 가스가 있다. 이 장 속의 가스는 질소, 산소, 이산화탄소, 수소, 메탄가스 등으로 구성된 색도 없고 냄새도 없는 기체이다. 이 가스를 항문을 통해 몸 밖으로 내보내는 것이 방귀이다.

우리 몸에서는 가스가 들어오고, 만들어지며, 없어지고, 밖으로 내보내는 일이 끊임없이 반복되어 이루어진다. 장내 가스의 약 70%는 입을 통해 들어간 것이며, 20%는 혈액으로부터 온 것, 10%는 장내 세균의 작용으로 탄수화물이 발효해서 생긴 것이다.

장내 가스는 소화관을 자극하여 연동운동을 활발하게 하는 작용을 하지만 세균 작용이 너무 심해지면 소화관을 자극해서 설사를 일으킨다. 장내 가스 중 수소나 메탄가스는 세균에 의해 음식물 속에 포함돼 있는 성분의 하나인 유황과 결합한다. 유황은 혈액을 통해서도 내장기관에 전달된다. 이 유황이 바로 독한 냄새를 일으키는 주인공이다. 그래서 유황을 포함한 가스가 많을수록 방귀 냄새가 많이 난다.

개복수술 뒤 의사가 방귀를 뀌었는지를 중요하게 여기는 이유는 방귀가 수술 후에 장의 활동이 정상적으로 활동을 하는지 판단하는 기준이 되기 때문이다.

이제 방귀가 나오면 즐기고 축하해주자. 장의 활동이 정상이라는 신호이니까. 하지만 냄새는 어떻게 좀 안 되겠니?

사람들의 피부색이 다른 이유는 무엇일까?

모든 사람에게는 자신만의 고유한 피부색이 있다. 황인종, 백인종, 흑인종 등 사람의 피부색은 세계에 현재 약 65억에 달하는 인구수만큼이나 다양하게 나타난다.

과학자들은 아주 오랫동안 사람들의 피부색이 왜 다를까를 연구해 왔다. 과연 어떻게 이런 다양한 차이점들이 짧은 기간 동안에 만들어 지게 되었을까?

과학자들은 피부색을 결정짓는 것은 몸속에서 자연스럽게 생성되는 멜라닌 색소 때문이라고 그 이유를 설명한다. 멜라닌 색소는 모든 사람들에게 다 있지만, 유전적으로 일정한 양의 멜라닌 색소를 갖고 태어나지는 않으며, 태양광에 따라 일정한 양을 갖출 수 있도록 일정한 '잠재력' 만을 갖추고 태어난다고 한다. 이 멜라닌 색소의 양에 따라서 사람들의 피부색이 결정되는 것이다.

멜라닌은 사람의 경우 머리카락과 눈동자 그리고 피부의 색을 변하게 한다. 세포 내에서 만들어진 멜라닌 과립은 지속적으로 표피세포로 보내진다. 그래서 햇볕이 매우 강한 열대 지방에서는 멜라닌 색소의 양이 많아져 피부가 검게 변하게 되었고, 사계절이 다 있거나 그리 덥지 않은 온대기후에서는 멜라닌 색소의 양이 줄어들어 중간 정도의 피부색이 되었으며, 날씨가 추운 지방에 사는 사람들은 멜라닌 색소의 양이 매우 적어서 하얀색 피부를 갖게 되었다. 즉 멜라닌 색소의 양이 많으면 피부색이 황갈색에서 흑갈색을 띠고 적을수록 색이 엷어진다.

또한 부모의 피부가 검을 때는 자식의 피부도 검게 되고, 부모의 피부가 하얄 때는 자식의 피부도 하얗게 되는 유전적 요소도 있다.

그렇다면 멜라닌은 무엇 때문에 존재할까?

멜라닌은 태양광선으로부터 피부를 보호한다. 만일 사람이 따가운 태양 아래서 오랜 시간 살아야 하는 환경인데 매우 적은 멜라닌 색소를 갖고 있으면, 태양 때문에 피부가 쉽게 그을릴 뿐 아니라 피부암에 걸릴 확률도 높아지게 된다. 반면에 멜라닌 색소가 많은 사람이 태양을 거의 쬐지 못하는 곳에서 생활하면, 비타민 D를 충분하게 공급받지 못해서 비타민 D 결핍으로 인해 구루병과 같은 뼈의 이상이 생길 수 있다. 이렇게 피부색은 기후 상태에 직접적인 반응을 보이면서 수천 년의 시간이 흐르는 동안 세계의 전 지역에서 다양한 색으로 나타나게 되었다.

"우리 잠수 오래 하기 시합하자."

"그래? 난 자신 있지. 맥주병이니까. 흐흐."

"그런데 왜 숨을 계속 참을 수 없고 숨을 쉬어야 하는 거지?"

보통 사람은 물속에서 2~3분 정도 숨을 참을 수 있다. 전문가인 해녀나 잠수부는 10분 정도 숨을 참을 수 있다고 한다. 만일 보통 사람들의 경우에 5분 이상 숨을 참게 되면 뇌의 산소 공급에 문제가 생겨 뇌에 영향을 미칠 수 있다.

그런데 뇌가 숨을 쉬라고 명령하는 이유는 산소가 부족해서일까 아니면 이산화탄소가 많아서일까?

혈관의 이산화탄소 농도가 호흡중추 연수에서 숨을 쉬라고 명령한다. 때문에 우리가 숨을 계속 참아버리지 못하는 이유는 산소의 부족이 아니라 이산화탄소의 누적이 더 크다.

꿈을 연속해서 꾸고 싶은데 가능할까?

먼저 꿈을 꾸는 이유에 대해서 알아보자.

수면에는 렘 수면과 논렘 수면이 있다. 렘 수면은 잠을 자고는 있지만 뇌가 깨어있는 상태를 말하고, 논렘 수면은 뇌까지 모두 잠들어 있는 상태를 말한다.

인간은 대부분 렘 수면에 빠져 있을 때 꿈을 꾸게 된다. 렘 수면일 때 일어나는 안구운동이 뇌의 기억구조를 자극해서 꿈을 꾸게 한다는 설과 눈이 꿈의 시각 영상을 따라 움직이기 때문에 안구 운동이 일어난다는 설이 있다. 꿈은 그 사람의 일상생활을 반영한다. 마음속에 강한 염원이나 두려움, 걱정, 응어리가 있으면 의식하고 있느냐 아니냐에 상관없이 그 내용이 꿈으로 나타나게 되는 것이다. 새벽에 실제로 오줌이 마려우면 화장실을 찾는 꿈을 꾸기도 하는데, 이처럼 생리현상이 꿈에 나타나는 경우도 많이 있다.

꿈을 자주 꾸는 사람이 있는가 하면 그렇지 않은 사람도 있다. 그러나 실제로는 모두 똑같이 꿈을 꾼다. 다만 기억을 하느냐 하지 못하느냐에 따라 꿈을 자주 꾸는 사람과 그렇지 않은 사람으로 나뉠 뿐이다.

그렇다면 과연 연속해서 꿈을 꾸는 것이 가능할까?

일본 미야시타 아키오란 연구원이 렘 수면에 빠진 사람을 깨웠다가 다시 렘 수면에 빠지게 하는 실험을 했다. 이때 어떤 꿈을 꾸는지 알아보았는데 놀랍게도 먼저 꾸었던 꿈의 내용과 나중에 꾼 꿈의 내용이 서로 이어졌다고 한다.

평소 걱정하던 일이나 심리적으로 부담스럽게 느끼는 일들이 주로 꿈에 나타나게 되기 때문에 비슷한 꿈을 며칠 동안 반복해서 꾸기도 하고 TV 드라마처럼 내용이 이어지기도 하는 것이다. 또 특정한 훈련을 반복하게 되면 자신이 원하는 꿈을 꿀 수도 있다고 한다. 꿈은 마음을 반영한다. 평소 긍정적인 자세로 살아간다면 꿈도 희망적인 꿈을 꾸게 될 것이다.

축구 중계를 보면 선수들이 틈만 나면 물을 먹는 것을 볼 수 있다. 마라톤 선수들을 위해서는 일정한 거리마다 물을 먹을 수 있게 자리를 만들어 놓고 있다. 권투 시합을 할 때도 쉴 때마다 물을 먹는다. 그런데 만일 이렇게 운동경기를 할 때 물을 먹지 못하게 하면 어떤 일이 생길까?

우리 몸의 60~70%는 물로 이루어져 있다. 갓난아기일 때는 몸의 85% 이상이 물로 구성되어 있다. 사람의 몸이 주머니라면 이 주머니의 절반 이상이 물로 채워져 있는 것이다. 커다란 물주머니라고 불러도 될 것 같다.

그런데 이렇게 많은 물 중에서 1~2%만 손실돼도 우리 몸은 심한 갈증과 괴로움을 느끼게 된다. 그리고 5%를 잃으면 반혼수상태에 빠지게 되고, 12%를 잃으면 결국 생명을 잃게 된다.

운동선수들은 격한 운동으로 열이 나고 이 열을 식히기 위해 땀이 흐르게 된다. 이렇게 땀이 많이 흐르게 되면 몸 안의 수분이 부족해지게 된다. 그러면 수분을 보충하라고 갈증이 나게 된다. 이때 적절하게 수분을 공급해주면 갈증은 사라지고 다시 몸은 균형을 찾게 된다. 그리고 수분이 보다 빨리 몸에 흡수되도록 만들어진 음료가 이온음료이다.

만일 운동선수들에게 경기가 끝날 때까지 물을 못 먹게 하면 극심한 갈증과 괴로움에 시달릴 것이다. 입이 바싹 바싹 타들어가고 침까지 말라버리는 그 괴로움, 아마 운동을 좋아하는 사람이라면 대부분 겪어보았을 것이다.

보통 단식을 하면 4주에서 6주 정도는 버틸 수 있지만, 물을 먹지 않으면 1주일을 버티지 못하고 사망하고 만다. 인간은 물이 없으면 존재할 수 없는 생명체라고 해도 과장은 아닐 것이다.

사춘기가 되면 왜 반항과 방황을 할까?

"엄마, 요즘 오빠가 이상해!"

"그래? 뭐가 이상한데?"

"요즘 뭘 물어보면 짜증내고 신경질만 부리고, 반항만 늘었어!"

"요즘 오빠가 사춘기인가 봐."

"사춘기?"

사람은 누구나 태어나서 한번은 사춘기를 꼭 경험하게 된다. 사춘기가 되면 엄마, 아빠도 감당하기 힘들 정도로 반항과 방황을 하게 되며, 위험을 즐기고 충동을 조절하지 못해 사고를 치는 경우가 많다고 한다. 이런 위험한 행동을 하게 되는 사춘기는 왜 오는 것일까? 사춘기를 그냥 넘기고 지나갈 수는 없는 것일까? 지금부터 사춘기에 대해서 알아보기로 하자.

사춘기는 자기 생각이 강해지며, 주위에 대한 부정적 태도가 강해지고, 구속이나 간섭을 싫어하며, 반항적인 경향으로 치닫는 일이 많고, 정서와 감정이 불안정해지는 과도기를 말한다. 어린이에서 청소년으로 성장하는 시기에 나타나며 여성은 13~14세, 남성의 경우 15~16세경부터 2차 성장 즉 사춘기가 시작된다. 여성의 경우에는 여성호르몬의 분비로 인해 신체적인 변화와 함께 주기적으로 생리를 하게 되고 가슴과 골반이 커진다. 남성의 경우에는 남성호르몬의 분비로 인해 신체적 변화, 성적 호기심, 수염, 목소리가 굵어지는 변성기를 거치게 된다.

이 시기에는 신경전달물질의 일종인 도파민, 멜라토닌이란 호르몬이 엄청나게 분출되는데, 이는 중독성을 유발해 한번 재미를 봤던 일을 계속 하고 싶은 충동을 느끼게 하며, 특히 짜릿한 쾌감을 느꼈던 위험한 행동에 대해선 더욱 중독으로 빠져들게 한다. 익스트림 스포츠를 즐기거나 헬멧도 안 쓰고 오토바이를 타는 폭주족이 되는 것도 이 호르몬의 작용에서 비롯된다고 한다.

매미는 성충이 되기 위해 7년 정도 땅속에서 조금씩 껍질을 벗으면서 탈바꿈해 간다고 한다. 사춘기도 바로 인간의 탈바꿈이라고 보면 어떨까? 개인마다 차이가 있지만, 사람에게는 이 시기가 육체적 성장과 더불어 마음의 성장이 함께 이루어지는 소중하고도 중요한 과정인 것이다.

이 시기에는 영양섭취를 잘하고 단백질, 칼슘이 많이 함유된 음식을 섭취하는 것이 좋다. 또한 성장호르몬은 주로 밤과 새벽에 숙면을 취할 때 많이 분비되므로 되도록 일찍 잠을 자는 것이 좋다.

##

눈을 찡그리면 왜 더 잘 보일까?

"왜 그렇게 눈을 찡그리고 있는 거냐?"

"응, 시력이 안 좋아졌나. 눈이 잘 안 보이네."

"그렇게 인상 쓴다고 잘 보일 리가 있나. 안경을 써야지."

"아니야. 눈을 찡그리면 조금 더 잘 보이긴 해."

시력에 문제가 없고 눈이 피곤하지 않을 때는 물체의 거리에 따라 수정체가 잘 조절되기 때문에 편안한 상태로 사물을 볼 수 있다.

눈에서 거리를 조절하는 것은 수정체인데 카메라의 렌즈와 같은 역할을 한다. 이 수정체의 두께를 조절함으로써 보고자 하는 물체에 초점을 맞출 수가 있는 것이다. 이렇게 초점을 맞출 수 있는 것은 수정체의 양쪽 끝에 있는 근육 덕분이다. 이 근육은 수정체의 두께를 조절해서 보고자 하는 물체에 초점을 맞춘다.

저기 오는 여자는 내 여자친구? … 멀어서 잘 안보이니 …

그런데 눈이 나빠져 근시나 난시가 생긴다든지, 눈이 피곤할 때, 그리고 책이나 모니터를 오랜 시간 보게 되면 수정체의 근육이 제대로 역할을 하지 못하게 된다.

　수정체의 근육이 늘어져서 당겨주지 못한다든지, 오랜 시간 동안 고정된 사물만을 보아서 수정체의 근육이 고정되면 즉시 움직이지를 못한다. 이럴 때 눈을 가늘게 뜨면서 찡그리면 수정체의 근육에 자극을 주어 멀리 있는 사물도 제대로 볼 수 있게 되는 것이다.

　하지만 눈에 이상이 생겼다고 느껴지면 바로 안과를 찾아 검사를 받아보는 게 좋다.

"윽! 귤맛이 왜 이런 것이야? 다음부턴 양치질 하고 나서 절대로 귤 먹지 않을 테다."

그런데 왜 양치질을 하면 음식맛이 이상해지는 걸까?

우리의 혀에는 미세한 털(미뢰)이 많이 나 있어 맛을 느끼게 되는데, 이 미뢰가 없으면 맛을 느낄 수가 없다. 미뢰는 평소에는 약간의 이물질이나 침 성분으로 표면이 싸여 있다. 그런데 양치질을 하면 미뢰를 싸고 있던 이물질이나 침 등이 씻겨져 나가게 되어 아주 민감한 상태에 놓이게 된다. 그리고 입안에는 치약의 성분이 남아 미뢰를 계속 자극한다.

치약의 성분은 미백효과를 주는 탄산칼슘, 탄산마그네슘 등의 연마제와 향료, 소독제, 색소 등이 포함되어 있다. 또 소금(죽염)을 이용한 치약도 있지만 대부분의 치약은 불소계 화학물질이 포함되어 있다. 이 중에서 음식의 맛을 쓰게 만드는 성분으로는 다음과 같은 것이 있다.

거의 모든 치약에 들어있는 황산나트륨 청정제(SLS)는 양치질 후 입안에 남아 신맛을 내는 과일의 산을 쓴맛으로 만든다. 또 설탕의 단맛도 느끼지 못하게 한다. 하지만 시간이 지나 입안에 남아 있던 이 성분이 없어지면 원래의 맛을 다시 느낄 수 있다.

또 치약은 알칼리성의 비누성분을 포함하고 있어서 양치질을 하고 나서 사과나 귤과 같이 산을 함유하는 음식을 먹으면 쓴맛이 느껴지게 된다. 이는 산과 알칼리 성분이 서로 반응을 해서 생긴 성분들 때문인데, 양치질 후에는 미뢰가 민감해져 있어서 더 강하게 느껴진다.

불소 성분 또한 그러한 역할을 하는데 불소와 비타민 C가 결합하면 맛이 변하게 된다. 이외에도 치약 자체의 성분들이 양치질을 하는 동안 미뢰를 계속 자극해 음식물 자체의 맛을 잘 못 느끼게 하는 이유도 있다.

딸꾹질은 왜 하게 되는 걸까?

"저기 있잖아. 사실은. 나, 너⋯⋯. 딸꾹!"

"나, 뭐?"

"아니, 그러니까 내가 널⋯⋯ . 딸꾹!"

"말을 해, 말을! 몰래 맛있는 거라도 먹었나. 웬 딸꾹질이야?"

"딸꾹! 저⋯⋯ 딸꾹! 그러니까⋯⋯ 딸꾹! 딸꾹!"

이런 중요한 순간에 딸꾹질이 나온다면 정말 미칠 노릇일 것이다. 고백을 위해 온갖 분위기 다 잡고 어렵게 용기를 냈는데 어찌하여 하필 이런 순간에 딸꾹질이 나온단 말인가?

딸꾹질은 횡격막이 갑작스럽게 수축되면서 숨을 쉬고자 하나 갑자기 성문이 닫혀 특징적인 소리를 내는 것이다. 횡격막이란 가슴과 위 사이에 위치한 커다란 막을 가리키는데 호흡할 때는 위 아래로 움직이면서 폐가 늘었다 줄었다 하는 운동을 돕는 역할을 한다.

매운 음식과 찬 음식, 그리고 극도의 긴장 등은 횡격막을 움직이고 조절하는 신경에 자극을 줄 수 있다. 그러니 이것이 깜짝 놀라 딸꾹질이라는 반응을 보이는 것이다.

딸꾹질은 인간뿐만 아니라 다른 포유류에서도 나타나는 현상이다.

인간의 경우 심지어 태어나기 전에 자궁 안에서도 발생한다. 또 딸꾹질은 미숙아나 신생아가 유아, 소아, 성인에 비해 더 흔하다.

그러면 딸꾹질을 멈추게 하는 방법은 없을까?

보통은 물을 마시거나 일시적으로 호흡을 멈추면 제자리로 돌아와 딸꾹질을 멈추게 할 수 있다. 또 혀를 잡아당겨서 비인후부 자극하기, 티스푼으로 목젖 들어올리기, 갑자기 놀라게 하기, 경동맥 마사지, 비닐봉지에 내쉰 숨을 재 호흡하기 등으로도 딸꾹질을 멈추게 할 수 있다.

그렇다면 과연 딸꾹질은 얼마 동안 하는 것이 가능할까?

기네스북에 오른 미국의 찰스 오스본. 그는 무려 69년 5개월 동안이나 딸꾹질을 했는데 우연히 시작된 딸꾹질이 평생 멈추지 않고 계속되었다고 한다.

결코 가볍게 보아서도, 그렇다고 너무 심각하게 받아들여서도 안 될 딸꾹질. 되도록 횡격막에 자극을 주지 않도록 음식을 천천히 먹고, 맵고 찬 음식은 가리며, 마음을 편안하게 하는 것이 좋겠다.

　우리나라는 사계절의 구분이 분명하다. 여름에는 덥고 겨울에는 춥고 봄에는 따뜻하고 가을에는 쌀쌀하다. 집에 가만히 앉아 있어도 이 사계절의 풍경을 모두 볼 수 있다는 것은 참 복 받은 일이다. 그중에서도 겨울에 볼 수 있는 눈 내리는 풍경은 늦가을의 단풍과 함께 멋진 추억을 만들어 준다. 하지만 가끔은 너무 추워서 싫기도 하다. 추워서 몸을 움츠리고 오들오들 떨어본 기억, 누구나 있을 것이다. 그런데 왜 추우면 사시나무 떨듯 자기 맘대로 몸이 오들오들 떨리는 걸까?

　몸을 떠는 것은 우리 몸이 추위에 대처하는 방법 중 하나이다. 손이나 발이 떨리기도 하고 입술과 온몸이 한꺼번에 떨리기도 한다. 건강한 사람의 체온은 언제나 36.5℃ 전후로 일정하게 유지되는데, 더우면 땀을 흘려서 몸의 열을 밖으로 내보내고 추워지면 몸을 웅크려서 표면을 줄이고 열이 빠져나가는 것을 막아준다. 우리 몸이 쾌적함을 느낄 때는 몸 안에서 만들어지는 열과 몸 밖으로 빠져나가는 열이 일정하게 균형을 이루고 있을 때이다. 그런데 몸 밖으로 빠져나가는 열이 더 많게 되면 추위를 느끼게 된다. 이렇게 추위를 느끼면 몸은 더 많은 열을 만들어 내거나 몸 밖으로 빠져나가는 열을 줄이기 위해

29

움직인다.

그래서 먼저 몸의 근육을 수축시켜서 몸을 움츠리게 만들어 밖으로 빠져나가는 열을 줄인다. 하지만 이렇게 해도 부족할 때는 몸 안에서 열을 만들어내기 위해 근육을 더욱 수축시키게 되는데 이럴 때 몸이 오들오들 떨리게 된다. 즉 몸이 덜덜 떨리는 것은 지금 몸이 추위를 이기기 위해 열심히 열을 만들고 있는 것이다.

소변을 보고 몸을 떠는 것도 같은 원리이다. 몸 안에 있던 따뜻한 소변이 한꺼번에 빠져나갈 때 체온이 떨어지는 것을 막기 위해 몸을 떨어 열을 만들어내는 것이다. 이렇게 무의식적인 근육운동은 평상시의 4배까지 열을 생산할 수 있다고 한다.

독감 예방 주사를 맞았는데 왜 감기에 걸릴까?

"엄마, 나 콧물도 나오고 열도 많이 나요."

"감기에 걸렸나 보구나, 얼른 병원에 가자."

"엄마, 나 독감 예방 주사 맞았는데요?"

"이 녀석아! 독감하고 감기는 다르단다."

"어! 그래요?"

매년 환절기가 되면 감기 조심하라고 서로 인사 또는 안부를 묻기도 한다. 매년 추운 겨울을 건강하게 나기 위해 추위가 다가오기 전에 독감 예방 주사를 맞지만, 예방 주사를 맞았다고 방심했다간 감기에 걸리기 십상이다. 감기와 독감은 전혀 다르기 때문이다.

그럼 감기와 독감은 어떻게 다를까?

우선 감기는 리노바이러스, 아데노바이러스 등이 코나 목의 상피 세포에 침투해 일으키는 질병을 말한다. 매년 어른의 경우는 2~4회, 어린이는 6~8회 감기를 앓는다고 한다. 감기에 걸리면 코가 막히거나 목이 아프고, 열이 심하게 오르는 증세가 오기 시작하고 2일 뒤 증세가 최고조에 이른다. 2주 정도 기침이나 콧물, 목의 통증, 발열, 두통 등의 증상이 나타나는데 잘 먹고 잘 쉬면 시간이 지나면서 대부분

자연적으로 치료된다.

그러나 독감은 인플루엔자 바이러스가 폐에 침투해 일으키는 급성 호흡기 질환이다. 독감은 3일 정도의 잠복기를 거쳐 갑자기 38도가 넘는 고열이 생기거나 온몸이 떨리고 힘이 빠지며 두통이나 근육통이 생기며, 눈이 시리고 아프기도 한다. 일반 감기는 폐렴이나 천식 등의 합병증으로 이어질 가능성은 적지만 독감은 심할 경우 합병증으로 목숨을 잃을 수도 있다.

그렇다면 독감은 왜 매년 독감 예방접종을 해야 하는 걸까?

그 이유는 인플루엔자 바이러스의 변이가 심하게 일어나기 때문이다. 인플루엔자 바이러스는 당단백질로 구성된 겉껍질과 RNA 핵단백질로 구성되어 있다. 우리 몸에서 바이러스를 인식하는 것은 겉껍질 부분인데, 겉껍질이 매년 변이되기 때문에 이 변이된 바이러스를 치료하기 위해 매년 새로운 독감 주사를 맞아야 한다.

독감 예방 주사를 맞으면 우리 몸속에 독감 백신이 생기는데, 이 백신은 우리 몸의 면역세포가 병원균의 모양을 인식해 바이러스에 감염됐을 때 질병의 원인균을 최대한 빠른 시간 내에 처리해 질병에 걸리지 않도록 예방해준다.

멀미는 버스나 배 등을 탈 때 속이 메슥거리면서 구토가 생기는 것을 말한다. 또 졸음, 무기력, 두통, 어지러움, 침이 나오고 배가 아프며, 얼굴이 창백해지는 것, 식은땀이 나고 한숨이나 하품이 나는 등의 증세가 나타난다.

놀이공원에서 놀이기구를 타다가 정신을 못 차리고 속이 메슥거리는 경우가 있는데 이것도 일종의 멀미라고 할 수 있다. 또 옛날에는 가마를 타고 갈 때 가마멀미 때문에 고생했다고도 한다.

멀미는 1분당 6회 내지 40회 정도의 진동에서 심하게 생긴다고 하는데 중추신경계가 다른 기관에서 정보를 혼동해서 받을 때도 생긴다. 가령 눈은 비행기 안을 보고 있어 움직임을 잘 느끼지 못하지만 다른 기관들이 비행기와 함께 몸이 많이 흔들리고 있다는 정보를 보낼 때, 또 눈은 고정된 책을 보고 있지만, 몸은 차의 흔들림을 느끼고 있을 때 등이다.

그래서 대개 자기 자신의 의지에 의해서 움직일 때는 멀미가 생기지 않지만, 외부의 힘에 의해 움직이게 되면 멀미를 할 수 있다.

이런 어지럼증이나 현기증, 멀미 등은 우리 몸의 균형감각과 관련이 있다.

두 살에서 열두 살까지가 제일 멀미에 민감한 시기이고 점차 줄어들어 50세가 넘으면 거의 멀미를 하지 않는다.

멀미를 하지 않으려면, 차를 탈 때는 편안한 자세를 취하는 게 좋은데 가능하다면 뒤로 젖혀지는 의자나 승용차의 뒷좌석에 차의 진행방향과 몸이 평행이 되도록 눕는 것이 좋다. 좌석의 위치도 중요하다. 버스는 앞바퀴와 뒷바퀴의 중간쯤, 승용차는 조수석, 비행기는 날개 사이, 배는 중간에 앉는 것이 좋다.

.

요즘 TV를 보면 다들 몸짱들이다. 두꺼운 팔뚝에 떡 벌어진 어깨, 두툼한 다리가 부럽기만 하다. 그래서 나도 당장 운동을 해야겠다고 마음 먹고 러닝화와 운동복을 사서 입고 동네 학교에 가서 달려본다. 헉헉! 쉽지 않다. 무엇보다도 이 쏟아지는 땀방울이 뭔가 성취감을 느끼게 하면서도 계속 닦아내기가 귀찮다. 운동은 하되 땀은 흘리지 않는 방법은 도대체 없는 걸까?

운동을 하면 몸에 열이 나면서 땀을 흘리게 되는데, 이 땀은 증발하면서 몸이 너무 뜨거워지는 것을 막아준다. 또 땀을 통해 몸 안의 노폐물이 몸 밖으로 빠져나온다.

우리 몸은 체온이 항상 일정하게 유지되는데, 만일 체온이 37℃보다 낮아지면 몸 안의 열을 보존하면서 새롭게 열을 만들어 체온을 유지하는 활동을 하게 된다. 반대로 체온이 37℃보다 올라가면 몸 안의 열을 밖으로 내보내서 체온을 유지시키려고 한다.

우리 몸이 너무 뜨거워졌을 때 열을 몸 밖으로 내보내는 방법은 두 가지다. 첫째는 몸 속의 열을 피부로 이동시키는 것이다. 피부는 몸 안보다 온도가 낮고, 공기와 직접 접촉될 뿐만 아니라 면적이 넓기 때

문에 열을 쉽게 낮출 수 있
다. 이렇게 피부를 통해 발
산되는 열량은 전체 열량
의 약 15%~20% 정도다.

둘째는 우리 몸에 있는
200~300만 개의 땀샘에서 땀
을 분비하고 이 땀을 공기중
에 수증기로 확산시킴으로써 열을
낮추는 것이다. 우리 몸에서 발산된 열량의 약 80% 정도가 이렇게 발
산된다.

특히 피부 온도보다 공기의 온도가 높을 때는 피부를 통한 열의 발
산이 이루어지지 않기 때문에 땀을 통한 열의 발산은 매우 중요하다.

운동하면서 흘리는 땀, 몸짱을 향해 가는 즐거운 과정이라고 생각
하자.

이온음료를 마시면 건강에 좋을까?

요즘 TV에서나 주변 광고판에 보면 이온음료 광고를 쉽게 접할 수 있다. 스포츠 음료라고도 말하며, 갈증이 날 때 물과 탄산음료 대신 이온음료를 마시는 친구들이 많다. 또한 이온음료를 마시게 되면 물이나 탄산음료보다 체내 흡수력이 빨라 탈수 또는 땀이 많이 배출되는 것을 예방하고 보충하기 때문에 인기를 끌고 있다.

그렇다면 이온음료는 자주 많이 마시면 건강에 유익할까?

먼저 이온음료가 어떻게 만들어지게 되었는지 알아보자. 1965년 미국의 한 교수가 '물에 나트륨 이온(Na^+)과 칼륨 이온(K^+) 등과 포도당, 당분을 일정 비율로 섞어 만든 음료를 스포츠 선수들에게 공급하면 빠른 수분 섭취로 열사 방지와 운동기능의 유지에 효과가 크다'는 사실을 발표했다. 이를 계기로 1967년 미국에서 '게토레이'가 상품화되면서 이온음료가 탄생하게 되었고, 이후 우리나라에서도 다양한 이온음료가 만들어지게 되었다.

이온음료는 체액에 가까운 전해질 용액이므로 체내에 빠르게 흡수되며 땀으로 잃어버린 포도당, 미네랄 등을 신속히 보충해주는 장점이 있어서 격렬한 운동을 하는 사람이거나 땀을 많이 배출하는 사람에게는 필요한 음료라고 할 수 있다.

이렇게 운동 후 갈증해소뿐 아니라 언제 어디서나 물을 마시듯 마실 수 있는 음료이지만, 정상적인 활동을 하고 식사를 제 때 하는 사람이라면 충분한 양의 수분 섭취가 가능하다. 또 음식을 통해 모든 영양소를 골고루 섭취하는 균형 있는 식생활만으로도 충분히 무기질을 보충할 수 있기 때문에 정상적인 사람은 이온음료를 마실 필요가 없다.

이온음료에 들어 있는 각종 식품첨가물들은 과연 건강에 좋을까?

이온음료에 함유된 식품첨가물은 그 자체로는 해롭지 않다. 식품첨가물은 식품과 공존함으로써 음식을 통해 계속적으로 섭취하게 되어 있지만 그렇다고 하더라도 제조 과정에서 정체가 불분명하거나 비위생적으로 취급되면서 다른 물질이 섞여 유독해지는 경우가 있다.

특히 이온음료에 들어간 첨가물 중 L-글루타민산나트륨은 독성이 많은 첨가물로 두통, 현기증, 메스꺼움, 불쾌감, 가슴 압박 등의 부작용을 일으킨다. 또 공복에 3~5g 이상 섭취하면 얼굴 경련 등의 부작용이 일어나 1~2시간 지속된다. 그러므로 보통의 경우에는 보리차, 야채즙, 수정과, 식혜, 미숫가루, 생수 등을 통해 수분이나 비타민 등을 자주 섭취하는 것이 영양이나 수분공급에 있어서 이온음료를 마시는 것보다 훨씬 더 좋은 방법이라 할 수 있다.

"어! 목소리가 왜 그래? 아빠 목소리 같아. 왜 목소리가 변한 거야?"

이런 이야기를 듣게 된다면 틀림없이 변성기가 시작된 것이다. 남자라면 자라면서 한 번씩은 변성기를 겪게 된다. 변성기가 되면 갑자기 목소리가 커지고 굵어진다. 그런데 변성기는 왜 오는 걸까? 그리고 왜 남자들에게만 오는 걸까?

보통 변성기는 남자는 13세, 여자는 12세경부터 시작하고 3개월에서 1년 정도 걸리는데 개인차가 많다. 변성기를 거치면서 남자는 1옥타브, 여자는 3도 정도 낮아지며 어른 같은 소리가 된다. 이렇게 사춘기를 거치면서 남녀 모두 변성기를 겪게 되지만 남성에게 더 확연하게 나타나고 여성의 경우는 의식하지 못한 채로 넘어가기도 한다. 변성기는 호르몬과 깊은 관계가 있어 여성은 심한 변성기 대신 가슴이 부풀어 오르는 시기를 겪게 된다.

그럼 변성기를 거치면서 남성의

성대는 어떻게 변할까?

보통 10mm 정도였던 성대가 사춘기가 되면 1년간 두 배로 길어져서 13~24mm 정도가 될 정도로 자란다. 그래서 상대적으로 여성의 성대 길이는 남성의 20% 수준이 된다. 성대가 늘어나면 목소리도 낮아진다. 남자의 목소리가 굵고 낮은 음을 내는 것은 이처럼 여자보다 성대가 길기 때문이다.

이와 같은 변화는 사춘기 때 분비되는 성호르몬인 테스토스테론이 주요인으로 남성은 더욱 남성다운 여성은 더욱 여성다운 외모를 만들어 준다.

이제 변성기를 겪게 되면 친구들에게 자랑하자. 어른이 되어 가고 있는 것이니까!

"아~다리가 아파!"

"어제 운동을 심하게 했구나?"

"응, 오랜만에 운동을 했더니 온몸이 아프고 쑤셔!"

"그러니까 평상시에 운동을 해야지, 갑자기 하니까 그렇지."

근육통이 일어나는 원인은 매우 복잡해서 아직 다 밝혀지지 않았다고 한다.

잘 쓰지 않는 근육을 갑자기 쓰면 근육에 피로가 몰려와 근육 조직이 붓는다. 이것이 근육통이다. 평소 잘 쓰지 않는 근육을 무리하게 움직이면 근육 조직 내에 화학물질이 유발되어 근육통이 발생한다. 유발되는 물질은 여러 가지가 있는데 주로 키닌(Kinin)계의 물질이 증가하면서 통증이 느껴지게 된다. 키닌(Kinin)이란 혈관의 확장 또는 수축을 일으키는 물질을 말하며, 잘 쓰지 않는 근육을 갑자기 움직이면 근육의 일부 조직이 파괴되면서 산소가 부족해지고 동시에 조직이 재생 과정에 들어가면서 통증이 나타난다.

평소 운동을 많이 하는 운동선수가 근육통을 느끼지 못하는 까닭은 근육을 단련해서 근육이 자기방어를 할 필요가 없으니 자연히 통증도 생기지 않는 것이다.

그런데 운동할 때는 아무렇지도 않다가 나중에 통증을 느끼는 이유는 무엇일까?

그것은 근육 조직 내에 화학물질이 축적되기까지 얼마간의 시간이 걸리기 때문이며, 젊은 사람들은 금방 근육통을 느끼지만 노인들은 1~2일이 지난 후부터 근육통을 느낀다고 한다.

근육통을 빨리 사라지게 하려면 목욕을 해서 근육을 따뜻하게 해주거나 마사지를 해주는 것이 좋다. 이렇게 하면 혈액 순환을 돕고 근육의 긴장을 풀어주어 근육 조직 내에 쌓인 화학물질을 빨리 밖으로 배출하게 해 주기 때문이다.

"어! 목소리가 왜 이래. 내 목소리 아닌데……."

"네 목소리 맞아!"

녹음기에 녹음한 목소리를 들어 보면 분명 내 목소리인데도 내 목소리처럼 들리지 않는다. 노래방에서 녹음한 노래 소리를 들어 보면 남들은 다 괜찮은 것 같은데 이상하게 내 목소리는 어색하고 귀에 거슬린다.

목소리는 목과 입 속에서 나팔처럼 공명하여 다른 사람에게 들리게 된다. 이 공명과 함께 목과 입의 근육과 턱뼈 등에 진동이 전달되는데 이 진동은 소리를 듣는 부분인 달팽이관까지도 진동시키게 된다. 이렇게 자신의 몸이 진동되는 경우 저음이 잘 전달되므로 저음부가 강조된 목소리를 듣게 된다.

그래서 남들이 듣는 내 목소리와 내가 알고 있는 내 목소리는 다를 수밖에 없다.

그런데 녹음을 해서 듣는 내 목소리는 몸의 진동이 전달되지 않은 목소리이기 때문에 다른 사람들이 듣는 내 목소리는 녹음기를 통해 나온 그 목소리다.

　다른 사람들의 목소리와 함께 내 목소리도 이상하게 들린다면 문제가 다르지만, 다른 사람들의 목소리는 평소에 듣던 그대로인데 내 목소리만 다르게 들린다면 그 이상한 목소리가 내 목소리 맞다. 다만 평소에 듣지 못하던 목소리이기 때문에 어색하게 느껴질 뿐이다.

　자신의 진짜 목소리를 듣고 싶은 사람은 지금 당장 녹음기로 내 목소리를 녹음해서 들어보자. 분명 내 목소리긴 한데 그래도 기분이 좀 이상하긴 하죠?

인간이나 동물에게서 괴로울 때나 슬플 때, 억울할 때, 또 기쁠 때나 감동했을 때 눈에서 눈물이 나오는 것은 매우 자연스러운 현상이다. 그런데 흐르는 눈물이 멈추지 않고 흘러내려 입술에 닿으면 누구나 눈물이 짜다는 것을 알게 된다.

왜 눈에서 흐르는 눈물은 짠맛이 나는 것일까?

눈물은, 눈꼬리에서 가까운 위쪽 눈꺼풀의 눈물샘이라는 곳이 있는데 이 눈물샘에서 분비되는 투명한 액체이며 98%가 물이고, 나머지는 나트륨, 칼륨, 글로불린 같은 단백질로 이루어져 있다. 이렇게 눈물에는 나트륨이 함유되어 있기 때문에 짠맛이 나게 된다.

눈물은 하루에 약 1~1.2ml 가량 흐르는데, 우리는 눈물을 흘릴 때 재미있는 현상을 발견할 수 있다. 그것은 감정에 따라 짠맛의 정도가 다르다는 것이다. 기쁠 때 흘리는 눈물과 슬플 때 흘리는 눈물의 짠 정도는 같다. 그러나 분노에 찬 눈물은 기쁘거나 슬플 때의 눈물보다 더 짜다고 한다. 그것은 화가 나면 자율신경의 교감 신경이 흥분해서 수분이 적고 나트륨이 많은 눈물이 나오기 때문이다.

또 재미있는 것은 서양인과 동양인의 울 때의 모습이 다르다는 것이다. 서양인은 울 때 콧물을 흘려 손수건을 코에 대는 것을 볼 수 있는데 이는 눈과 코가 연결된 관이 동양인보다 더 굵어 눈물이 코로 흘러 들어가기 때문이다. 동양인들은 보통 눈물을 흘릴 때 손수건을 눈에 대는 경우가 많다.

또한 하품을 할 때 눈물이 나는 이유는 하품할 때 근육이 움직여 눈물주머니를 누르기 때문이다.

아프면 왜 열이 날까?

"엄마! 감기 걸렸나 봐요. 목도 아프고 열이 펄펄 나요."

"어디 볼까? 어머! 이마가 뜨겁네. 어서 병원 가자꾸나."

"근데, 왜 아프면 열이 나요?"

아플 때 열이 나는 것은 몸을 보호하기 위해서이다. 열이 나는 것은 몸속의 백혈구, 즉 T-림프구가 병균에 대항해서 싸우고 있다는 표시이다. 우리 몸에서 병을 일으키는 바이러스는 우리 몸의 체온을 좋아한다. 그래서 체온을 높여 바이러스들이 살지 못하도록 만드는 것이다.

체온이 40도 정도까지 올라가면 몸 안의 바이러스들이 더 이상 살지 못하고 죽는다. 그런데 아파서 열이 난다고 바로 열을 낮추는 주사를 맞거나 약을 먹게 되면, 바이러스들이 다시 활동할 수 있다. 그러므로 어느 정도 열이 날 때는 두었다가 심해진다 싶으면 그때 약이나 주사로 열을 낮추어 주는 것이 좋다.

하지만 처음부터 감기 정도가 아닌 심한 열일 경우에는 바로 병원으로 가야 한다. 아이들이 열이 날 때는 특히 더 조심해야 한다.

백혈구는 과산화수소라는 것을 만들어 병균들과 싸움을 하는데 싸움이 다 끝나도 이 물질은 그대로 몸 안에 남아 있다. 그리고 이 물질에서 분리되는 것이 활성산소이다. 이 활성산소는 세포의 변질을 일으키기 때문에 몸 안에서 빨리 내보내는 것이 좋다. 그래서 물을 먹으라는 명령을 내린다. 몸이 아프면 자연스럽게 목이 마른 것은 몸 안에 수분이 부족해서이기도 하지만 독소를 밖으로 내보내기 위해서이기도 하다.

때문에 몸이 아프고 열이 날 때는 물을 많이 마시고 과일과 채소, 특히 비타민 C를 많이 섭취해 주어야 한다.

그럼 왜 이마를 짚어 보는 걸까? 몸에서 피하지방이 가장 적은 부분이기도 하고 또 외부온도에 민감하게 반응을 하지 않기 때문이다. 하지만 요즘은 여러 가지 첨단의 체온계가 많아서 집에서도 정확한 체온을 잴 수 있게 되었다.

왜 약 먹는 시간을 정해줄까?

약 성분은 혈액에 퍼져 적당한 혈중 농도를 유지할 때 효력을 충분히 발휘한다. 하루 세 끼의 식사 간격은 대체로 5~6시간 정도인데 이는 약물의 혈중 농도를 일정하게 유지시킬 수 있는 시간 간격과 거의 일치한다.

때문에 식사에 맞춰 하루 세 번 복용하는 약들이 많다. 또 복용시간을 식사와 연결시키는 것은 잊지 않고 약을 복용하도록 하려는 이유도 있다.

몇몇 약은 음식물과 같이 먹는 것이 약효를 높이는 데 더 좋은 경우도 있다. 지용성 비타민(비타민A · D · E · K 등)제를 포함한 일부 약물은 음식의 지방분에 녹아 흡수가 되기 때문에 식후 바로 먹는 것이 좋다. 이런 약은 물보다 우유와 함께 먹는 것이 더 좋다.

그러나 식사 후 얼마 되지 않아 복용했을 경우 음식물 때문에 약물의 흡수율이 떨어지거나 흡수 속도가 떨어지는 약이 있다. 이런 약은 공복상태가 약효를 얻는 데 좋다. 음식물에 영향을 받지 않는 약들도 많지만, 일반적으로 음식물과 같이 먹는 경우에 흡수력이 떨어지는 약이 많다.

약의 흡수력 외에 약이 인체에 미치는 영향도 매우 중요하다. 때문에 약물이 음식과 섞여 소화관 벽을 자극하지 않도록 식후 30분경에 복용하도록 하는 경우가 가장 많다. 유산균제제나 한방 과립제, 제산제 등은 소화기관에 거의 해를 끼치지 않으므로 공복에 먹는 것이 원칙이다.

매운 고추를 먹으면 왜 열이 날까?

매운맛을 내는 성분은 캅사이신이라는 휘발성 물질인데, 이것이 입안의 점막을 자극하고 그 자극이 뇌에 전달되면 맵다고 느끼게 된다.

혀가 느낄 수 있는 맛은 짠맛·단맛·신맛·쓴맛 네 가지 맛이다. 매운 음식을 먹었을 때도 혀는 그 매운맛과 섞인 짠맛, 단맛, 쓴맛만을 느낀다. 그리고 매운맛은 혀가 아니라 입안의 점막에서 감지한다.

일단 매운맛을 내는 캅사이신이 입 속에 들어가면 혈관을 자극한다. 그러면 혈관이 늘어나면서 순간적으로 많은 혈액이 밀려온다. 우리 몸은 이것을 뜨겁다고 느끼게 된다.

또 매운 음식이 위로 가서 위벽을 자극하면 위가 따뜻해진다. 그러면 이 열을 식히기 위해서 혈관이 늘어나고 신진대사가 활발해져서 땀이 흐르게 된다.

매운 음식을 먹을 때 콧물이 나는 이유는 콧속의 점막이 뜨거운 김에

함께 자극되면서 콧속의 혈관이 열려 콧물이 흐르는 것이다. 뜨거운 김에 콧속 점막이 자극을 받고 물방울이 달라붙으면 코는 이것을 콧물로 여겨서 밖으로 내보내는 것이다.

이렇게 매운맛은 입안의 점막을 자극함으로써 느껴지는 것이기 때문에 뜨겁고 매운 음식을 먹을 때 우유를 먹으면 점막을 일시적으로 덮어주어서 매운맛을 덜 느끼게 된다.

'꼬르륵~'

"아! 배 고파. 벌써 소화가 다 되었나?

밥 먹기 귀찮은데 안 먹고 살 수는 없을까?"

배가 고픈 건 소화가 다 되었기 때문이 아니라 우리 몸에 에너지가 필요하다는 신호이다. 소화가 다 되었다고 배가 고프지는 않다.

몸에 에너지가 필요할 때는 에너지를 보충하라는 신호를 보내고 소화액을 분비할 준비를 한다. 그리고 어느 정도 소화액을 분비하는데 이는 음식물이 내려오면 빨리 분해하기 위해서이다. 이 소화액의 흐름과 장의 운동이 '꼬르륵~' 하는 소리는 낸다.

그런데 배가 고파도 먹지 못하거나 참아버리면 배고픔이 사라진다. 그리고 한참 시간이 지난 뒤에 다시 배고픔이 느껴진다. 이것은 몸에서 배가 고픈 것을 적응해버려서 그렇다. 저녁에 생일잔치가 있으면 많이 먹으려고 점심을 굶고 간다는 농담을 많이들 하는데, 이것은 그냥 기분일 뿐이다. 배 고파도 참고 버티면 위장이 수축되어서 실제로는 더 많이 먹을 수 없다.

"아빠 흰머리 좀 뽑아 줄래?"

"응. 근데, 아빠! 흰머리는 왜 생겨요?"

"글쎄다? 아빠한테 스트레스를 줘서 그런가?"

"제가 스트레스를 준다고요?"

"그러니까 열심히 공부해라. 혹시 아니? 그러면 아빠 흰머리가 안 생길지?"

정말일까? 검은 머리가 흰머리가 되는 이유가 스트레스를 받아서 그럴까?

대부분 머리카락의 색깔은 검은색을 띠고 있으며, 어른이 되면 흰 머리가 생기기 시작한다. 또 어릴 때부터 흰 머리카락이 생기는 경우도 종종 볼 수 있다. 흰 머리카락이 생기는 이유는 무엇일까?

머리카락의 색은 모근에 있는 멜라닌 세포가 모발에 색소를 공급해서 나타나는데, 이 멜라닌 세포가 사라져 색소가 없어지기 때문에 머리카락이 하얗게 되는 것이다. 개인적인 차이가 있고 유전적인 요인도 있지만 남녀 및 종족 간의 차이는 없다. 털의 굵기에 따라 색깔에 차이가 나타나기도 한다.

흰 머리카락이 생기는 원인을 구체적으로 살펴보면 여러 가지가 있다.

먼저 유전적인 요인을 들 수 있다. 부모나 조부모의 머리가 희게 된 나이와 대략 같은 나이에 비슷한 방식으로 생기는 경우가 많고, 20대에 접어들어 멜라닌 색소의 생산이 완전히 정지되면 머리카락이 색소를 공급받지 못해 단백질 색깔인 흰색을 띠게 된다. 보통 젊은 사람들에게서 나타나는 흰 머리카락을 '새치'라고 하는데 뒷머리나 옆 머리에 드문드문 나타난다.

또 하나의 이유로 모근의 멜라닌 세포에 존재하는 티로시나제 (tyrosinase)라는 효소의 활성도가 점차 줄어들면서 나타나기도 하는데, 대개 40~50대에 나타나기 시작한다. 머리카락에 제일 먼저 나타나고 이어 코털, 눈썹, 속눈썹 순으로 나타난다.

또 다른 원인으로는 스트레스가 있다. 스트레스가 많아지면 아드레날린 분비가 많아지고 심장과 신경에 영향을 주어 혈관을 압박하게 되고 여러 가지 공급원이 막히고 산소가 공급되지 않으면서 머리털이 하얗게 되거나 빠지게 된다.

그 밖에 말라리아, 독감 등의 질환을 앓아 생기기도 한다. 또 심한 정신적 충격이나 특정 방사선 노출, 당뇨, 영양실조, 빈혈 등이 원인이 될 수도 있다.

코가 막히면 왜 맛을 못 느낄까?

"어! 맛이 왜 이래?"

"코감기에 걸렸더니 아무 맛도 안 느껴지네."

콧속 윗부분의 후각 상피에는 후세포가 있는데, 이 후세포에는 약 600만~1,000만 개의 후각신경이 있다. 후세포는 길쭉한 모양으로 생겼는데 그 끝에는 감각털이 있어 기체 상태의 화학물질을 감지한다. 후세포가 화학물질을 감지하면 후신경을 통해 이 정보를 대뇌에 전달해 냄새를 맡게 된다.

후각은 냄새를 통해 소화 활동에도 영향을 미친다. 음식의 냄새를 맡으면 입안에 침이 고이게 하고 위액을 분비시켜 음식을 소화할 준비를 한다.

감기에 걸렸을 때 냄새를 잘 맡지 못하는 것은 콧물이 콧속 천장 벽에 쌓여 냄새를 맡아도 후세포를 자극하지 못하거나, 후신경의 일부가 염증을 일으켜 냄새를 맡는 기능이 약화되기 때문이다.

감기에 걸려 코가 막히면서 콧물이 흘러내리면 그 불편함이 이만저만 아닌데, 음식의 맛을 느끼지 못하는 것도 그중 하나이다. 음식의 맛은 혀로만 느끼는 게 아닌 것이다.

또 하나의 비밀. 콧구멍은 두 개라 한쪽 콧구멍이 냄새를 맡거나 숨쉬고 있는 동안 다른 콧구멍은 쉬고 있다는 것.

아하. 콧구멍이 두 개인 이유가 있었네.

야채만 먹고도 성장할 수 있을까?

"아들! 밥 먹자."

"와~ 그런데 왜 채소밖에 없어요? 고기는요?"

"하하, 고기 말고 채소에 밥을 싸서 먹으면 건강에 좋아."

"싫어요, 고기 주세요. 저는 염소가 아니란 말이에요!"

요즘 육류와 생선을 먹지 않는 채식주의자가 늘고 있다. 그중에서도 극단적으로 채소만을 식생활로 하는 이들을 철저한 채식주의자라고 하는데, 이들은 고기는 물론 육류와 관련된 유제품, 달걀, 생선까지도 먹지 않는다. 또한 이들은 아이를 키울 때도 식물성 식품만 먹인다고 한다. 그러나 이들이 영양실조에 걸렸다거나 정상적으로 성장하지 않았다는 이야기는 없는 것 같다. 그런데 과연 채소만 먹어도 성장할 수 있는 것일까?

식물에는 인간이 성장하는 데 꼭 필요한 영양소가 들어 있다. 물론 어느 한 종류만 편식하는 것은 좋지 않지만, 필수 아미노산이 풍부한 콩류를 비롯해 다양한 종류를 골고루 섭취한다면 문제될 것이 없다. 그렇다고 고기를 먹지 말라는 이야기가 아니다. 신체가 성장하는 것과 그 신체에 어울리는 체력이나 운동능력을 겸비하는 것이 꼭 일치하지는 않기 때문이다.

겉으로 건강해 보이는 사람이라고 해서 반드시 그 속까지 건강한 것은 아니다. 생명을 유지하는 정도의 체력밖에 없지만 겉으로는 건강해 보이는 사람도 있다. 어떤 사람은 식물성 식품만 먹고도 건강할 수 있고, 어떤 사람은 그렇지 않을 수도 있다. 우리의 식생활은 점점 서구화되고 있다. 예전에 비해서 평균 체중이 증가한 까닭은 이 식생활의 변화 때문이라고 한다. 건강한 육체를 만들려면 동물성 단백질을 충분히 섭취해야 하는데, 식물에서 단백질을 섭취하는 것보다 육류에서 섭취하는 편이 훨씬 유리하다. 지금까지의 연구에 따르면 식물성 식품을 섭취하는 사람보다 동물성 식품을 섭취한 사람의 체력이 더 뛰어나다고 한다.

그러나 동물성 식품을 먹어야 건강하게 오래 살 수 있다거나, 더 행복하게 살 수 있다고 말할 수는 없을 것이다. 따라서 어떤 음식이든 편식하지 말고 채소와 육류, 생선 등을 골고루 섭취하는 게 가장 좋지 않을까?

사람들이 먹는 게 다 다른데도 왜 대부분의 대변의 색은 갈색일까?

대변의 70%는 수분이고 나머지는 세균과 음식물 찌꺼기다. 또 일정한 덩어리 모양을 하고 있는데 이 고형성분의 30~50%는 장내 세균덩어리다. 그리고 나머지가 소화되지 않은 음식물의 찌꺼기와 장벽에서 떨어져 나온 세포, 소화액 등이다.

변이 묽거나 단단해지는 것은 수분의 함량이 달라졌기 때문인데 수분이 80% 정도면 설사, 85% 이상이면 물 같은 설사가 되며 수분이 40%~60% 정도로 줄어들면 단단해져서 변비가 되기 쉽다.

그럼 왜 하필 색깔이 갈색일까?

이유는 담즙 때문이다. 담즙은 간과 담낭에서 만들어져 담도를 통해 십이지장으로 분비되고 음식물과 섞여 대장으로 간다. 그리고 장내 세균이 노란색인 담즙을 환원시키는 과정에서 변색이 된다. 그래서 대부분 갈색을 띠고 있는 것이다.

하지만 먹은 음식에 따라 다른 색이 되기도 한다. 당근을 먹으면 주황색, 시금치를 먹으면 초록색을 띠기도 한다. 갓 태어난 아기들의 변이 노란색인 이유는 장내에 세균이 없어서 담즙이 환원되지 못하기 때문이다.

그럼 소변은 왜 노란색일까?

소변은 물이 90% 이상을 차지하고 물 다음으로 많은 것은 요소이다. 어른 남자의 경우 하루에 배출하는 요소는 대략 30g 정도이다. 이 양은 음식물의 종류, 생리상태, 환경조건에 따라 차이가 많아진다. 또 단백질을 풍부하게 섭취하는 사람은 요소의 배출량이 많다.

이렇게 배출되는 요소의 색이 노란색이기 때문에 소변의 색은 노란색을 띠게 된다. 또한 요소의 비율이 높거나 수분의 비율이 적은 경우에 소변의 색은 더욱 노랗게 된다.

상처가 나면 왜 딱지가 생길까?

상처난 곳은 왜 단단하게 딱지가 만들어지는 걸까?

혈액은 적혈구와 백혈구, 혈소판으로 구성되어 있다. 적혈구는 우리 몸에 필요한 산소를 몸 안 이곳저곳으로 운반하고, 백혈구는 몸 안에 침투한 세균을 잡아먹는다.

우리 몸에 상처가 생기면 몸 밖으로부터 수많은 세균이 몸 안으로 침투하게 된다. 그러면 백혈구가 출동해서 세균과 싸우고 그 동안 혈소판이 상처 부위로 몰려들어 더 이상 세균이 들어오지 못하게 혈액을 굳혀서 단단한 방어막을 만든다.

그러면 더 이상 세균도 침입할 수 없고 출혈도 방지하는 튼튼한 방패가 만들어지는 것이다. 상처 부위에 생기는 고름은 바로 백혈구와 세균이 싸우면서 생긴 시체들이다. 이 고름은 염증을 일으키기 때문에 빨리 제거하는 것이 좋다.

소름은 왜 돋을까?

늦은 밤, 집에 가다가 갑자기 등골이 서늘해지면서 누가 머리카락을 잡아당기는 것처럼 쭈뼛 서고 심장이 두근거리는 경험이 있을 것이다. 이것을 소름이 끼친다고 하는데 춥거나, 무섭거나, 화가 나거나, 갑자기 놀랐을 때 이렇게 식은땀을 흘리며 온몸의 신경이 곤두서는 경험을 하게 된다.

소름이 돋는 것은 피부에 있는 입모근이 수축되면서 일어나는 현상이다. 입모근은 자율신경의 지배를 받지만 그 중추는 중뇌에 있는 체온조절중추와 깊은 관계가 있다. 그래서 체온이 갑자기 변하는 상황을 만나거나 갑작스럽게 감정이 변할 때 입모근이 반사적으로 수축해서 작은 원형으로 일어나게 된다.

또 적을 공격하거나 위협을 받을 때도 아드레날린이 분비되면서 입모근을 수축시켜 소름을 돋게 만든다.

좀 더 자세히 들어가 보자. 마음의 상태가 급격하게 불안

정해질 때는 우리 몸에서 아드레날린이 분비된다. 이 아드레날린은 심장 박동을 빠르게 하며, 공기의 출입량을 늘린다. 그래서 심장이 두근거리고 가쁜 숨을 몰아쉬게 된다. 이때 뇌에 충분한 양의 산소와 양분을 공급하기 위해 피부와 내장 쪽으로 가는 혈관을 좁혀 뇌와 심장으로 가는 혈액을 늘려준다. 그래서 동공이 확대되고 승모근을 수축시켜 털이 곤두서게 된다. 털이 곤두서는 것은 고양이를 보면 잘 알 수 있다.

"애들아! 피자 먹자!"

"와~ 피자다! 엄마 감사! 또 감사!"

"아이고, 천천히 먹어라. 그러다 체하겠다!"

"걱정하지 마세요. 탄산음료 마시면 돼요!"

치킨이나 피자나 햄버거를 사게 되면 꼭 따라오는 것이 있다.

바로 탄산음료이다. 치킨, 피자, 햄버거를 많이 먹어 속이 느끼하거나 소화가 안 될 때 이 탄산음료를 마시면 느끼함도 덜 하고 소화가 잘 되기 때문에 탄산음료를 먹게 된다. 또한 어른들 중에서는 속이 더 부룩할 때 탄산음료를 마시면 속이 편해진다고 생각하는 사람들도 있다.

그런데 탄산음료가 정말 소화기능에 도움을 주는 걸까?

결론부터 말하자면 일시적인 효과일 뿐, 습관적으로 탄산음료를 마시면 소화에 큰 장애가 될 수 있으며, 식도와 위를 연결하는 괄약근의 기능을 약화시켜 위산이 역류할 수 있고, 칼슘 흡수를 방해하며, 소변을 통해 칼슘 배출을 증가시킨다고 한다. 그럼 탄산음료를 마시면 왜 소화되는 느낌을 받는 것일까? 보통 탄산음료를 마시게 되면 가스가 역류하는 현상이 일어나는데 이런 현상을 '트림' 이라고 한다. 이런 트림 현상 때문에 사람들은 소화가 되는 것처럼 느끼게 된다.

그러나 탄산음료가 소화를 돕거나 소화기능에 실제로 도움을 주는 게 아니며 공기와 함께 들어간 후 다시 밖으로 배출되는 것뿐이고 소화되는 것처럼 느끼게 해주는 것뿐이라고 할 수 있다. 또한 탄산음료를 자주 마시게 되면 여러 가지 부작용이 생기기도 한다.

특히 탄산음료를 많이 마시면 폭력성이 높아진다고 한다. 미국의 한 보고서는 탄산음료에는 카페인이 다량으로 함유되어 있어, 어렸을 때부터 탄산음료를 많이 마신 아이들에게서 폭력성이 나타났으며 범죄율이 높았다고 한다.

또한 탄산음료에는 녹을 제거하는 데 쓰는 인산염이 들어있다고 한다. 인산염은 무기금속과 결합하는 힘이 강해서 녹을 제거하는 데 사용하는 물질이며, 인체의 뼈에서 칼슘이 녹아 나오게 한다. 또한 외부의 충격에 민감해지고 생각하는 능력, 학습능력도 떨어진다고 한다.

우리가 즐겨 마시는 탄산음료, 지금부터라도 건강을 위해 조금 줄이는 것이 좋을 듯하다.

한여름 땀띠의 고통은 겪어보지 않은 사람은 모른다. 얼음으로 쓱쓱 문질러 보지만 그때뿐이다.

땀띠는 땀을 만드는 땀샘의 출구가 붓거나, 오염물질로 땀구멍이 막혀 염증이 생긴 것을 말한다. 그런데 왜 어른들보다 아기들이 더 땀띠가 잘 나는 걸까?

어른이나 아기의 땀구멍의 수는 같은데 아기는 몸의 크기가 어른보다 작아서 땀구멍이 더 촘촘하게 있다. 그래서 땀을 더 많이 흘리고 또 어른보다 체온이 높고 신진대사가 활발해서 더 많은 땀을 흘린다. 땀띠가 생기기 쉬운 곳은 머리, 목둘레, 팔 다리의 관절 등이며, 누워 있어야 하는 아기들은 등이나 배에도 생기기 쉽다.

땀띠가 생겼을 때 그냥 두면 땀띠가 난 부위가 점점 넓어지면서 땀샘이 제 기능을 못하게 된다. 또 기운이 없고 숨이 차고 맥박이 빨라지면서 체온이 올라가 열로 인한 스트레스를 받을 수도 있다.

땀띠를 예방하기 위해서는 피부를 시원하게 해주는 것이 좋다. 땀을 많이 흘렸을 때는 바로 목욕을 하고 옷을 갈아입어 청결하게 해야 한다. 또 아무리 덥더라도 꼭 면으로 된 옷을 입어 땀을 흡수할 수 있게 해야 한다.

염분이 많은 땀도 땀띠의 원인이 되므로 수분을 충분히 섭취하고 적당히 땀을 흘려서 몸 안의 열을 발산하는 것도 좋은 방법이다. 땀띠가 심하지 않을 때는 시원한 물로 자주 샤워를 해주는 게 좋다. 조금만 신경 쓰면 특별한 치료 없이도 쉽게 없어지기 때문이다.

찬 음식을 먹으면 왜 머리가 아플까?

삐질삐질 땀나는 무더운 여름. 농구 한 게임 뛰고 나서 시원한 아이스크림 한 조각 베어물면 세상에 부러울 것이 없다. 그런데 한 조각 베어 물자마자 머리 한쪽이 깨질듯이 아프다. 다들 맛있게 먹고 있는데 왜 나만 그럴까?

여름철에 아이스크림이나 팥빙수처럼 차가운 음식을 먹을 때 머리가 띵 하고 아픈 통증은 고혈압성 두통의 일종으로 '아이스크림 두통'이라 불리기도 한다.

그 이유에 대해 현재까지 연구된 바로는, 찬 음식을 먹으면 입 속 주변의 온도를 떨어뜨리게 되는데 이때 뇌의 혈관들도 갑자기 수축하게 된다. 그리고 곧바로 수축한 혈관이 다시 정상으로 돌아오는 과정에서 통증이 생긴다는 것이다.

또 찬 음식을 먹었을 때 눈이나 코, 귀, 목구멍 등이 받은 자극이 신경을 지나 머리의 위쪽 또는 뒤쪽에 전달되면서 아픔으로 느껴지기 때문이라고 한다.

그럼 도대체 어떻게 먹으면 두통이 생기지 않으면서도 맛있게 먹을 수 있을까?

아이스크림 두통은 찬 음식을 급하게 먹을 때 생기고 30초에서 1분 정도 계속 되었다가 없어진다. 이 통증은 저절로 없어지고 찬 음식을 먹을 때만 생기기 때문에 병원을 찾아 치료할 필요까지는 없다.

대부분 아이스크림 두통은 주로 입천장 뒤쪽 연한 부분에 찬 것이 닿았을 때 나타난다. 그러므로 아이스크림을 먹을 때는 입의 앞쪽에서 천천히 녹이며 먹는 것이 좋다고 한다.

역시 아이스크림은 서서히 녹이면서 먹는 게 좋은가보다. 두통도 예방하고 맛도 즐기고. 뭐든 급하면 탈 난다.

"어머! 너 어디서 다친 거냐?"

"예? 다친 적 없는 걸요!"

"그런데 왜 그렇게 퍼렇게 멍이 들었니?"

사람의 피부 아래에는 모세혈관이 있고 그 안쪽으로 근육과 뼈가 자리잡고 있다. 이 모세혈관은 약하기 때문에 단단한 것에 부딪치면 터지거나 찌그러지게 된다. 심하게 충격을 받을 때는 모세혈관이 터지면서 혈관 속의 혈액이 밖으로 빠져나오면서 심하게 붓게 된다.

이것을 멍이라고 하는데 어느 정도 시간이 지나면 터졌던 혈관들이 어느 정도 회복되면서 혈액의 흐름이 어느 정도 돌아온다. 그리고 혈관과 주위의 세포에서 분비되는 물질들이 피부 밑에 고인 핏덩어리를 녹이기 시작한다. 이렇게 멍은 시간이 지나면 자연히 정상으로 돌아온다.

그런데 이마나 머리는 멍과 함께 둥그런 혹이 생긴다. 이마나 머리의 모세혈관은 뼈의 도움으로 잘 터지지 않지만 대신 찌그러지면서 조그마한 틈이 생겨 혈관에서 빠져 나온 혈액의 액체성분이 모여 혹이 생기는 것이다. 여자가 남자보다 멍이 잘 드는 이유는 피부가 얇기

때문이다.

흔히 멍이 든 곳을 달걀로 문지르는데, 달걀의 껍질은 뭉쳐 있는 피를 흡수하는 성분이 있어서 멍을 없애는 데 효과가 있다. 특히, 껍질 안쪽의 흰 막이 더욱 효과적이라고 한다.

혈액은 혈관을 통해 온몸을 돌면서 산소와 영양소 등을 공급해주고 노폐물을 운반해서 신장을 통해 배설될 수 있도록 한다.

우리 몸의 다른 기관들도 중요하지만 그중에서도 심장이 정지하면 모든 활동이 멈추게 된다. 심장은 대정맥에서 온 정맥혈을 우심실로 보내는 역할을 하는 우심방, 우심방에서 온 혈액을 폐동맥으로 보내는 우심실, 폐정맥에서 온 혈액을 다시 좌심실로 보내는 좌심방, 좌심방에서 온 동맥혈을 대동맥으로 보내는 좌심실로 이루어져 있다.

혈액은 심장을 구성하고 있는 기관들을 통해 좌심실에서 대동맥으로, 대동맥에서 온몸의 모세혈관으로, 여기서 다시 대정맥을 거쳐 우심방과 우심실로, 또 폐동맥과 폐를 거쳐 폐정맥으로, 폐정맥에서 좌심방으로, 다시 좌심실로의 과정을 거치면서 온몸을 순환하게 되는 것이다. 이 심장을 통해 혈액을 만들어 각 혈관으로 내보내 우리 몸을 한 바퀴 도는 데 걸리는 시간은 약 46초라고 한다. 1분에도 훨씬 못 미치는 시간이라니, 참으로 놀라운 일이다.

우리가 손목이나 목 등에서 심장이 뛰는 것을 느낄 수 있는 것은 좌심실이 수축할 때마다 동맥혈이 흘러서 동맥이 늘었다 줄었다 하기 때문이며, 눈에 보이지 않아 평소에는 잘 느낄 수 없지만 손을 가만히 올려놓으면 이러한 심장의 분주한 움직임이 그대로 느껴지는 것을 알 수 있다. 심한 운동을 할 때 혈액이 우리 몸을 한 바퀴 도는 시간은 약 7~8초인데 이는 평소보다 심장의 운동량이 7~8배에 달하기 때문이다.

참고로 혈액은 전체 혈액의 55%를 차지하는 액체 성분인 혈장과 나머지 45%인 세포 성분의 혈구 성분으로 이뤄진다.

왜 밤이 되면 열이 더 오르고, 기침도 심해지고, 몸도 더 아픈 걸까? 밤이 되면 몸이 더 약해져서 그런 걸까 아니면 뭔가 다른 이유가 있는 걸까?

낮에는 좀 괜찮은 것 같았는데 밤이 되면 고통스러워서 당황한 적이 많을 것이다. 아이들의 경우에 특히 더 그러한데 이는 어른들도 마찬가지다.

우리의 몸은 깨어서 움직이고 있는 동안에는 활발하게 활동을 하지만 저녁이 되어 활동을 중단하면 온몸이 휴식을 취하기 위해 긴장을 풀게 된다. 그래서 병에 대한 저항력도 약해져서 질병에 대한 저항도 약해져 더 심해지게 된다. 또한 밤이 되면 낮과는 기온 등 주위의 환경이 바뀌게 된다. 이렇게 낮과는 다른 환경과 신체적인 변화가 같이 어우러져 밤이 되면 더 고통스러워지는 것이다.

또 휴식만이 병을 빨리 낫게 하는 것은 아니다. 몸이 안 좋아 코막힘이 생겼을 때 누워서 쉬면 좋을 듯하지만 눕게 되면 조직액과 혈액이 머리 부분에 몰려 코가 더욱 막히는 것을 알 수 있다.

따라서 몸이 좋지 않다고 누워만 있는 것은 오히려 병을 더 악화시킬 수도 있다. 실제로 병이 났을 때 계속 누워 있으면 기분이 더욱 나빠지게 된다고 한다. 그러므로 오히려 가볍게 움직이거나 적당한 운동을 하는 것이 병을 이길 수 있는 방법이다.

"오! 내 피는 파란색인가 봐?"

"뭐! 무슨 소리야?"

"봐봐. 내 핏줄은 파란색이잖아."

피가 흘러 다니는 혈관은 두 종류가 있다. 하나는 심장에서 산소를 싣고 나오는 혈액이 다니는 동맥, 다른 하나는 산소를 다 쓰고 심장으로 돌아가는 혈액이 다니는 정맥이다. 보통 우리가 보는 피부 가까이의 굵은 혈관들은 모두 정맥이고, 동맥은 몸속 깊숙한 곳을 흐르고 있다.

피의 색깔이 붉은 것은 적혈구에 들어 있는 헤모글로빈이라는 성분 때문이다. 헤모글로빈은 허파에서 신선한 산소를 온몸 구석구석 나누어 주는 역할을 한다. 이 헤모글로빈이 산소를 많이 포함하고 있을 때는 선홍색, 산소를 모두 잃어버린 뒤에는 검붉은 색으로 변한다. 그래서 심장에서 나오는 피는 밝은 선홍색이다.

그리고 산소를 모두 공급해주고 정맥을 흐르는 피는 검붉은 색을 하고 있다. 그런데 정맥의 검붉은 색이 혈관의 벽과 피부를 통해 보기 때문에 검푸른 색으로 보이는 것이다. 마치 빨간색을 황색 유리를 통

해 보면 파랗게 보이는 것과 같다.

동맥혈관과 정맥혈관 외에도 피부의 진피 내에는 모세혈관 즉 실 핏줄이 있어서 피부에 산소를 공급한다.

종종 병원에서 주사 놓기 힘들 정도로 혈관이 보이지 않는 사람들이 있다. 하지만 이렇게 혈관이 잘 보이지 않아도 나쁜 것은 아니다. 오히려 지나치게 혈관이 많이 보이는 경우에 종종 나쁜 경우가 있다고 한다.

벌레 물린 데 침을 발라도 될까?

"모기 물렸나 봐, 너무 가려워. 침을 발라 볼까?"

모기나 벌레에 물리면 침을 바르는 사람이 많다. 실제로 침을 바르면 가려움이 줄어드는 느낌이 들기도 한다. 침을 발랐을 때 가려움이 줄어드는 것은 사실이다. 침은 알칼리성이어서 산성인 벌레의 독을 중화시켜서 자극을 줄여주기 때문이다.

침은 90%의 물과 유기·무기 물질로 이루어져 있으며 항균, 소화 촉진, 혈액응고 촉진 등의 작용을 한다. 그중 면역글로불린이라는 단백질이 항균 작용을 한다. 하지만 양은 매우 적기 때문에 면역 효과를 기대하기는 어렵다. 오히려 침 속에는 연쇄상 구균, 포도상 구균 등이 $1m\ell$ 당 1억 마리 정도가 있어 상처를 악화시킬 위험이 높다.

벌레에 물린 곳은 약한 산성으로 변하기 때문에 알칼리성 용액인 묽은 암모니아수를 바르는 것이 좋다.

점은 왜 생길까?

"야! 너는 얼굴에 점이 왜 그렇게 많아?"

"글쎄다. 얼마 전까지만 해도 북두칠성이었는데, 이젠 완전히 은하수가 돼버렸어."

"왜 나는 점이 별로 없는데, 너는 그렇게 많은 걸까?"

점은 피부에 생기는 암갈색 색소반을 가리키는데, 단순성 점과 노인성 점으로 구별할 수 있다. 노인성 점은 멜라닌 색소를 만들어내는 세포인 멜라노사이트의 증식에 의하여 발생하는 멜라노사이트성 종양계열에 속한다. 그리고 단순성 점은 선천적인 원인으로 일어난 피부 이상을 가지는 모반세포가 증식하여 생겨나는 모반성 종양계열에 속한다. 두 가지 점 모두 조직학적으로는 유사한 상태를 나타낸다.

모양을 보면 선천성 점은 뿌리가 깊고 색이 진하며 크기도 대개 큰 편이고 튀어나온 경우가 많다. 후천성 점은 선천성 점에 비해 크기가 작고 색이 연하며 시간이 지나면서 없어지는 경우도 있다.

단순성 점은 거의 모든 사람에게 있다고 해도 과언이 아닐 정도로 그 발생 빈도가 높다.

왜 빙글빙글 돌면 어지러울까?

"에고. 제자리돌기를 했더니 정신이 없네."

"나도 그래. 세상이 뱅글뱅글 돌고 있어."

"혹시 너무 빨리 돌아서 뇌에 문제가 생긴 건 아닐까?"

"그럴지도 몰라. 뇌가 출렁거리고 있는 것 같아."

빙글빙글 제자리돌기를 하고 나서 어지러운 이유는 귀 때문이다. 귀는 크게 외이, 중이, 내이 세 부분으로 이루어져 있다. 밖에서 보이는 게 외이고, 안쪽 깊숙한 곳에 내이가 있다. 그리고 외이와 내이 중간의 고막이 있는 부위가 중이다.

내이에는 3개의 전정 반고리관이 있는데 여기에는 림프액이 가득 차 있다. 림프액은 우리가 몸을 심하게 움직이면 같이 출렁거린다. 이 출렁거림을 통해 림프액은 우리의 몸이 균형을 잘 잡고 있는지, 한쪽으로 기울이고 있지는 않은지 하는 정보를 뇌로 보낸다. 그래서 우리 몸이 어떤 상태에서도 적절하게 균형을 유지할 수 있도록 하는 역할을 한다.

우리가 몸을 빙글빙글 돌면 전정 반고리관 안에 있는 이 림프액도 같이 움직이는데, 회전하던 몸을 멈추어도 림프액은 바로 멈추지 못하고 약간의 시간이 필요하다. 몸은 회전을 멈추었는데 림프액은 여전히 움직이고 있는 것이다. 그래서 그 시간 동안은 몸이 균형을 잡지 못하고 어지러움을 느끼게 되는 것이다. 림프액이 움직임을 멈추고 정상으로 돌아오면 더 이상 어지럽지 않게 된다.

염소와 나트륨의 화합물이 소금이다. 이것이 곧 염화나트륨이다. 염화나트륨이 체내에 쌓이면 나트륨과 염소의 이온 형태로 존재하게 되고 농도는 0.9%로 세포질의 항상성을 유지시켜 준다. 소금의 양이 부족하면 현기증과 탈진감이 생긴다. 특히 나트륨 이온은 세포에 작용하므로 이것이 부족하면 무감각한 사람이 된다.

그런데 초식동물은 소금이 맞지 않다. 풀이나 나뭇잎은 특히 칼륨을 많이 함유하고 있는데 지나치게 많이 먹을 경우 칼륨 과다 섭취로 심장마비를 일으킬 수도 있다. 이때 소금을 먹으면 목숨을 건질 수 있다. 염화나트륨 성분이 칼륨을 소변으로 배출시킨 것이다.

소금을 과다하게 섭취하면 성인병의 원인이 되기 때문에 섭취를 줄이라고 경고하지만, 소금은 여전히 인간의 생명 유지에 꼭 필요한 성분이다.

"아웅. 시험 때문에 한숨도 못 자고 공부를 했더니 너무 피곤하다
구."

"피로회복제라도 좀 사 줄까?"

"좋지. 그런데 그거 정말 효과가 있는 걸까?"

피로회복제에 들어 있는 주성분은 타우린이다. 타우린이라는 이름
은 황소의 담즙으로부터 분리하였기 때문에 붙여진 이름이라고 한
다. 타우린은 강장제, 흥분제이기도 한데, 제2차 세계대전 말기 일본
이 가미카제 특공대원들에게 흥분제 대신 먹였다고 알려져 있다.

타우린은 β-아미노산의 일종으로 포유동물의 세포에 과량으로 존
재하는 물질이다. 타우린은 체내합성이 가능하지만 그 양이 매우 적
으며 글루타민 다음으로 근육에 많은 아미노산이다.

타우린을 많이 함유한 식품으로는 생굴, 문어, 낙지, 오징어, 새우,
패류 등이 있다. 마른 오징어나 문어의 겉에 보이는 하얀색의 가루가
바로 타우린이다. 오징어는 100g당(HDL) 평균 573mg을 함유하고 있
어 쇠고기의 16배, 우유의 47배나 된다.

피로회복제는 대부분 아미노산 음료이다. 우리 몸의 근육은 단백

질을 필요로 하는데, 단백질
은 고분자라서 그대로 흡수
를 못하고 복잡한 과정을 거
치면서 분해해서 흡수하는데
그 분해된 것이 바로 아미노
산이다. 아미노산 음료를 마시
면 짧은 시간에 우리 몸이 필요로
하는 영양들을 흡수할 수 있기 때문에 그만큼 빨리 피로회복이 되는
것이다.

피로회복제에 함유된 타우린은 안전하다고 알려져 있다. 그러나
신장 또는 간에 병이 있는 경우에는 조심해야 하고, 또 너무 많이 섭
취하면 설사나 위궤양을 유발할 수 있으며, 단기기억력이 떨어질 수
도 있다고 한다.

우리 몸에 들어가는 것은 언제나 조금 더 알아보고 내 몸에 맞는지
확인하자. 또 지나친 것은 부족한 것보다 해롭다는 말이 있다. 아무리
몸에 좋은 것도 적당히, 적당히······.

몸이 개운하지 않을 때 찜질방 사우나에서 땀을 흘리고 나면 피로도 풀리고 몸이 날아갈듯 가뿐해진다. 이 재미에 빠지면 찜질방 매니아가 될 수밖에 없는데, 궁금해진다. 왜 사우나에서는 화상을 입지 않는 걸까? 사우나의 온도를 보면 금방이라도 화상을 입을 것 같은데, 어떤 사람들은 누워서 자기도 한다.

보통 물의 온도가 60℃를 넘으면 피부에 화상을 입을 수 있다. 그런데 사우나의 온도는 80℃ 이상이다. 어떤 곳은 90℃가 넘어가는 경우도 있다.

그 답은 사우나 안의 공간에 있다. 사우나 안은 공기로 채워져 있는데 이는 금속이나 물보다 열을 전달하는 속도가 훨씬 느리다. 그래서 사우나 안에서 사람의 피부에 닿는 온도는 실제 온도보다 낮게 느껴진다.

그런데 만일 사우나 바닥에 물이 채워져 있거나 사우나 안이 증기로 채워져 있다면 어떻게 될까? 아마 그렇게 만들어진 사우나가 있다면 아무도 들어가지 않을 것이다. 심각한 화상을 입게 될 것이기 때문이다.

사람의 몸은 70% 이상이 물로 구성되어 있다. 체내의 온도는 36.5 도이기 때문에 피부에 뜨거운 공기가 닿더라도 체내 온도는 쉽게 올라가질 않고, 또 사람의 몸보다 주변의 온도가 높으면 땀을 흘려 증발시키기 때문에 체온을 정상으로 유지할 수 있다. 그래서 80℃가 넘는 사우나 안에서도 오랫동안 견딜 수가 있다.

이성을 좋아하게 되면 왜 얼굴이 붉어질까?

"얘들아! 슬비가 해창이를 좋아한다고 소문이 났어!"

"해창아! 너도 슬비 좋아하지?"

"아니야!"

"에이~ 거짓말! 얼굴이 빨개졌는데?"

"아니라니까!"

정말 이상한 일이다. 누굴 좋아하거나, 좋아한다고 고백을 받으면 나도 모르게 얼굴이 빨개지게 된다. 얼굴이 빨개지게 되는 경우는 이뿐만이 아니다. 부끄럽거나 야한 장면을 보거나 화가 날 때도 얼굴이 붉어진다.

이런 일이 생기면 나도 모르게 얼굴이 붉어지는 이유는 무엇 때문일까?

부끄러움으로 얼굴이 붉어지는 이유는 얼굴이나 목의 피부 아래 모세혈관이 확장되면서 평소보다 많은 피가 흐르게 되면서 열이 나기 때문이다.

또한 이성과 야한 장면을 보았을 때도 이 같은 현상이 일어나는데 이러한 경우는 뇌가 분비하는 화학물질의 영향 때문이다. 이 물질은 노르아드레날린이라는 물질이며 이 화학물질의 분비가 많아져 얼굴이 붉어지게 된다.

대부분 사람들은 화가 나면 얼굴이 붉어진다. 이런 현상은 지극히 정상적이며 화가 날 때 혈관을 확장시키는 신경이 자극되기 때문에 붉어지게 되는 것이다.

또한 좋아하는 이성을 만날 때 나도 모르게 얼굴이 붉어지는 이유는 자극을 감지한 뇌가 노르아드레날린이라는 호르몬을 분비시켜 심장을 빨리 뛰게 하고 혈압이 높아지게 하기 때문에 나타나는 현상으로, 정상적인 현상이므로 너무 걱정할 필요는 없다.

그러나 항상 얼굴이 자주 붉게 되어 생활하는 데 지장을 받을 정도라면 병원에 가서 진단을 받아 보는 것이 좋다.

나는 왼손잡이일까 오른손잡이일까?

사실 왼손잡이인지를 규정하는 일은 그리 쉽지 않다. 대부분의 사람이 오른손잡이란 것은 확실하지만, 왼손잡이도 워낙 종류가 다양하기 때문이다. 왼손을 더 자주, 자유롭게 사용하는 경우도 있고, 양손을 똑같이 구사하는 양손잡이도 있다.

또 일부 작업에서만 왼손을 사용하는 사람이 있는가 하면 태어날 때는 왼손잡이였지만, 부모의 성화로 원래 경향을 드러내지 않는 사람도 있을 수 있다. 우리 주변에서 완벽하게 왼손만을 사용하는 왼손잡이는 많지 않은 편이다. 자신의 우세손을 알 수 있는 간단한 질문을 살펴본다.

다음의 11가지 질문에 대해 왼손이면 1점, 오른손이면 0점을 줘 점수를 합산해 본다.

0~1점이면 강 오른손잡이, 2~4점이면 약 오른손잡이, 5~7점이면 중간, 8~10점이면 약 왼손잡이, 11점이면 강 왼손잡이다.

1. 연필을 잡고 그림을 그린다.
   어느 손에 연필이 있는가?

2. 성냥곽을 잡고 성냥을 켠다.
   어느 손이 성냥개비를 잡았는가?

3. 책을 들고 50페이지를 펼친다.
   어느 손이 책을 잡고 있는가?

4. 공을 잡고 던진다.
   어느 손에 공이 있는가?

5. 칫솔로 이를 닦는다.
   어느 손에 칫솔이 있는가?

6. 종이에 펜으로 사인을 한다.
   어느 손에 펜이 있는가?

7. 두 손으로 대걸레를 들고 청소를 한다.
   자루의 밑쪽에 있는 손은?

8. 못을 잡고 망치질을 한다.
   어느 손에 망치가 있는가?

9. 식빵을 칼로 자른다.
   어느 손에 칼이 있는가?

10. 다트를 던져본다.
    어느 손에 다트를 잡았는가?

11. 바늘에 실을 꿰어본다.
    어느 손이 실을 잡았는가?

chapter 2
식물과 동물

Why

하루살이는 정말 하루밖에 못 살까?

하루살이는 전 세계적으로는 약 2천 500여 종이 분포하고 있다. 그리고 우리나라에는 약 50여 종이 살고 있다고 한다. 보통 하루살이는 하루 정도 산다고 알려져 있지만 꼭 그런 것은 아니다. 하루살이가 날개 달린 성충의 모습으로 생존하는 기간은 단 몇 시간에서부터 보통은 2일 정도, 길게는 14일 넘게 사는 것도 있다. 하지만 이는 하루살이가 성충일 때의 시간만을 계산한 것이다.

보통 알이 애벌레로 되는 데 거의 한 달이 걸리고, 애벌레는 1~2년 동안 물속에서 살다가 성충이 된다. 하루살이는 수면이나 건조한 곳의 수초들 사이에서 허물을 벗고 동시에 날아 오르는데, 이 마지막 허물벗기 과정을 비행이 가능한 상태에서 한다는 게 다른 곤충류와 다른 점이다. 대부분 길고 가느다란 몸에 세 개의 얇은 실 모양의 꼬리를 가지고 있으며 입이 퇴화해서 먹이를 먹지 못하고, 우화 당시의 양분이 소모되면 죽게 된다. 어떤 종의 암컷은 생식기가 발달한 후 5분 동안 먹지도 않고 교미와 산란에만 집중한 뒤 곧 죽기도 한다.

94

대개의 식물들이 녹색을 띠는 이유는 녹색의 색소인 엽록소를 가지고 있기 때문이다. 물론 황적색을 띠는 카로틴과 노란색을 띠는 크산토필도 있지만 보통 때는 엽록소의 양이 훨씬 많기 때문에 녹색으로 보이는 것이다. 그런데 가을이 되어 기온이 내려가면 엽록소가 많이 파괴되어 크산토필과 카로틴의 색인 노란색이나 주황색으로 잎의 색이 변하는 것이다. 단풍이 들면 잎에서 만들어진 당분이 줄기로 가지 못하고 햇빛에 의해 분해되어 붉은 색의 안토시안 색소로 변한다. 그래서 햇빛을 많이 받는 줄기 위부터 붉게 물들고, 기온이 더 내려가 겨울이 되면 이 잎의 세포가 모두 죽어 갈색으로 변해서 모두 떨어진다.

식물은 잎의 기공을 통해 수분을 밖으로 내보내는 증산작용을 하는데 이 작용이 일어나는 동안에는 뿌리가 계속 물을 빨아들여야 한다. 하지만 뿌리를 감싸고 있는 흙마저 얼어붙게 되면 수분을 흡수하기도 저장하기도 힘들어진다. 그래서 몸의 수분을 내보내지 않고 유지하기 위해 잎을 모두 떨어뜨리게 되는 것이다. 그와 함께 몸 안에 있는 수분의 당도를 높여 어는 온도를 낮아지게 만들어서, 매서운 추위 속에서도 얼어 죽지 않고 살아남을 수 있다.

코끼리 세포가 개미 세포보다 클까?

　코끼리는 지구상에서 가장 큰 육상동물이고, 개미는 아주 작은 곤충이다. 그 크기의 차이가 엄청나서 분명 코끼리의 세포가 개미의 세포보다 훨씬 더 클 것이라는 생각이 드는 게 어찌 보면 당연한 일일 수도 있다. 하지만 코끼리의 몸이 개미보다 큰 것은 세포의 크기가 크기 때문이 아니라 세포의 수가 많기 때문이다.

　세포는 주위로부터 영양분과 산소를 받아들이고, 세포 안의 이산화탄소나 노폐물을 내보내는 물질교환을 하는데, 세포의 크기가 크면 이런 물질교환이 잘 이루어지지 않게 된다. 그래서 세포의 크기는 어느 정도 이상으로 커지지 않고 단지 그 수만 늘리게 되는 것이다.

바나나는 왜 구부러져 있을까?

노랗고 통통하면서 영양가 높은 열대과일, 바나나. 그냥 먹어도 맛있고 냉동실에 얼려 먹어도 참 맛있다. 그런데 왜 바나나는 하나같이 옆으로 굽어 있을까?

바나나도 다른 식물들처럼 성장하는 데 햇빛의 영향을 많이 받는다. 그리고 햇빛을 많이 받는 곳의 성장 속도가 빠르다. 그래서 성장 속도가 빠른 쪽의 세포 크기가 더 커진다. 그래서 바나나는 길고 곧게 자라지 못하고 햇빛을 덜 받는 쪽으로 구부러진다.

또 바나나의 구부러진 바깥쪽에는 원래 세포 수가 많기도 하다. 공간은 한정되어 있는데 성장하면서 세포의 크기가 커지기 때문에 세포 수가 적은 쪽에 비해 크기가 커져 바나나의 모양이 구부러지게 된다. 바나나뿐만 아니라 고추나 오이처럼 길게 자라는 열매들도 조금씩 구부러진 모양을 하고 있다.

식물이 서로 대화를 한다면 어떻게 하며 무엇을 이야기할까? 동물이 모여 살 듯이 식물도 같은 것들끼리 군락을 이룬다. 한 잎새가 벌레에게 공격을 받으면 그 잎새는 힘없이 먹히고 만다. 이러한 과정에 만약 식물이 아무런 일도 하지 않는다면 식물은 온통 병충해로 피해가 막심할 것이다.

하지만 주변의 숲은 항상 푸르고 건강하다. 그 이유는 희생되는 잎새가 적의 공격을 주변에 알림으로써 아직 공격을 받지 않은 부위가 이에 대처하도록 하기 때문이다. 식물은 재스민이라는 향기를 내어 벌레의 공격을 알린다. 재스민은 벌레의 공격으로 손상되는 부위에서 생산되어 주변으로 쉽게 날아가며, 이 신호를 인식한 식물은 곤충이 싫어하는 물질들을 축적하여 공격에 대비한다.

곤충을 쫓는 물질 중 가장 대표적인 것은 소화를 억제하는 효소로, 벌레의 입맛을 떨어뜨려 다른 곳으로 가도록 유도한다. 더욱이 소화억제제가 들어 있는 식물을 계속하여 먹은 벌레는 성장이 늦고 약해져 오래 살지 못한다.

최근 식물이 방향성 아스피린을 방출하여 주변 식물에 신호를 전한다는 사실이 밝혀졌다. 한 식물이 병균의 침입을 받게 되면 주변에 아스피린으로 신호를 보내 병균의 침입에 대비하게 하는 것이다. 재스민이나 아스피린 외에도 식물은 다양한 향기를 낸다.

식물이 아스피린을 생산하여 저장하는 이유는 자신의 병을 예방하거나 치료하기 위해서이다. 식물체가 바이러스나 병균의 침입을 받으면 이를 막기 위해 여러 가지 반응을 일으키는데 이러한 과정에서 아스피린은 매우 중요한 역할을 하는 것으로 알려져 있다.

꽃의 향기는 벌과 나비를 부르기 위한 것이지만 대부분의 향기는 잎에서 나는 것으로 숲 속의 신선한 냄새는 식물들의 끊임없는 대화일 수도 있다. 식물은 다양한 향기를 발산하여 주변을 인식하고 자신을 보호하며 그들 나름대로 이야기를 나누고 있는 것이다.

닭도 분명히 다른 새처럼 날개를 가지고 있다. 그러나 다른 새처럼 잘 날지는 못한다.

새처럼 하늘을 날기 위해서는 깃털로 된 날개를 가지고 있어야 한다. 또 공기의 저항을 줄이기 위해 몸이 날씬하게 생겨야 하고 몸을 가볍게 하기 위해서 뼈 속이 비어 있어야 한다. 또 장의 길이가 짧아서 음식물을 먹으면 빠르게 소화시키고 바로 내보내야 한다. 이것도 몸을 가볍게 하기 위해서이다. 새끼를 낳으면 오랫동안 새끼를 뱃속에 넣고 있어야 하기 때문에 몸이 무겁다. 그래서 알을 낳아야 한다.

그런데 닭은 사람이 먹이를 주어 기르면서부터 몸무게는 늘어나고 날개는 거의 사용하지 않아서 날개의 근육이 많이 줄어들었다. 그래서 거의 날지 못하게 된 것이다.

"이상하네요. 정말. 왜 그 추운 남극에 사는 물고기들은 얼지도 않고 신나게 헤엄치며 살고 있을까요?"

연평균 기온 영하 55℃인 남극의 차가운 바닷속. 그 두꺼운 빙하 아래 물속에도 생명체들이 살고 있다. 만일 사람이 그 물속에 들어가면 몇 분도 견디지 못하고 얼어 죽을 것이다. 그런데 그 추운 곳을 터전으로 살아가는 물고기들이 있다. 도대체 이 물고기들이 얼어붙지 않고 살아갈 수 있는 이유는 뭘까?

남극에서는 얼지 않은 물의 온도 역시 영하이다. 소금의 농도에 의해 어는점이 낮아져 얼음이 되지 않을 뿐이다. 그래서 이러한 환경에서 살아가려면 뭔가 특별한 게 있어야 하는데 이게 바로 부동 단백질이다. 이 단백질은 아주 낮은 온도에서도 활동할 수 있는 구조로 되어있어 영하의 온도에서도 활발하게 움직일 수 있다..

이 부동 단백질은 세포가 어는 것을 방지하는데, 물고기뿐만 아니라 혹한 기후에서 살아가는 식물과 여러 동물에게도 존재한다. 이런 부동 단백질의 특성을 이용해서 혈액 혈소판의 보관기간을 길게 하는 기술에도 적용되고 있다.

혈소판은 실온에서 5일 정도 보관할 수 있는데 부동 단백질을 이용해 21일까지 보관할 수 있게 만들었다고 한다.

과학으로 설명이 되고 그 비밀이 밝혀지고 있는 부분이 많지만 자연 속에는 신기한 게 참 많다.

식물은 꽃 피는 시기를 어떻게 알까?

식물은 어떻게 계절을 인식하여 제철에 꽃을 피울까? 환경의 변화를 식물이 알아내는 방법에는 두 가지가 있다. 첫째는 온도이며, 둘째는 밤낮 길이의 변화를 측정하는 것이다.

봄에 피는 대부분의 꽃들은 그 전 해에 만들어진 꽃눈이 따뜻한 기온을 신호로 하여 터져 나오는 것으로, 겨울 날씨가 온난하면 봄꽃이 일찍 핀다. 그래서 벚꽃이 피는 시기는 그 해의 봄 날씨에 좌우되는 것이다. 그런데 대부분의 봄꽃은 겨울을 지내지 않으면 꽃을 피우지 않는다. 추운 온도에 식물이 노출되어야 꽃분화가 일어나기 때문이다.

그러나 모든 식물이 온도의 변화만을 인식하는 것은 아니다. 어떤 식물은 밤낮의 길이를 측정함으로써 일 년 중 정확한 날짜에 꽃을 피운다. 무궁화꽃이 한여름에 피는 이유는 점점 짧아지는 밤의 길이를 재다가 하지가 가까워지면 개화 호르몬을 만들기 때문이며, 국화와 같은 가을 식물은 길어지는 밤을 개화 신호로 해서 꽃분화를 시작한다.

하지만 모든 식물이 환경요인에 의존하여 꽃을 피우는 것은 아니다. 고추와 수박은 어느 정도 나이가 들면 연중 어느 때고 꽃을 피우기 때문에 겨울철에도 하우스 재배가 가능하다. 이런 식물들은 자신의 나이를 마디 수로 세기도 하며 일정한 키 성장을 한 후에야 꽃을 피우게 된다.

최근 개화시기를 조절하는 메커니즘이 점차 밝혀지고 있어 관심을 끌고 있다. 과학자들은 오래 전부터 개화 호르몬이 있다고 믿었으며, 이 호르몬이 온도나 광 주기의 변화를 감지한 식물 세포에서 만들어져 꽃을 피운다고 가정하고 있다.

아직까지 개화 호르몬의 정체는 밝히지 못했지만 꽃피는 시기를 조절하는 데 관여하는 유전자가 발견되고 있어 오랫동안의 신비가 풀릴 전망이다.

이에 대해서는 크게 두 가지 설명이 있다.

한 가지는 나방이 달빛과 인공적인 빛을 혼동하기 때문이라고 한다. 나방들에게 달빛은 목적지를 향해 비행하는 데 중요한 기준이 되는데, 나방들은 직선으로 날아가기 위해 달을 향해 항상 같은 각도로 난다고 한다. 달은 아주 멀리 있어 거의 평행으로 비치기 때문에 나방은 그 빛을 표준점으로 해서 직선으로 날 수 있는 것이다. 그러나 가로등처럼 가까이 있는 빛의 경우에는 그 빛이 비치는 각도를 달로 착각할 경우 직선이 아니라 나선형을 그리며 날게 된다는 것이다.

다른 한 가지는 그 이유를 곤충의 눈 구조에서 찾고 있다. 곤충의 눈은 수천 개의 홑눈이 반구 형태로 모여 있어, 가로등과 일직선으로 향하고 있는 눈들만 빛을 볼 수 있고 다른 눈들은 야행성 곤충처럼 어둠을 보게 된다. 그래서 나방이 날 때 홑눈 위에 비치는 불빛의 움직임이 날고 있는 방향에 지속적인 변화를 주어서 혼란을 일으킨다는 것이다.

또 한 가지는 야행성 곤충들의 눈은 빛에 매우 민감해서 밝은 조명 때문에 눈이 부셔서 방향감각을 잃게 된다는 가설이다.

하지만 이 모든 가설에도 불구하고 왜 나방이 불빛을 향해 돌진하는지는 아직까지 명확하게 밝혀지진 않은 것 같다. 모든 불빛이 곤충에게 그런 영향을 미치지는 않는다. 가로등의 조명을 고압 나트륨 전등으로 바꾸면 달려드는 나방을 약 75% 정도 줄일 수 있다고 한다.

제비와 꾀꼬리, 뻐꾸기, 백로 등은 겨울을 따뜻한 지역에서 보내고 봄이면 우리나라로 돌아오는 철새들이다. 겨울이 되면 이 철새들은 가깝게는 필리핀이나 대만, 멀리는 오스트레일리아나 뉴질랜드까지 가기도 한다. 수천 킬로미터에서 만 킬로미터나 되는 곳을 철새들은 어떻게 찾아가고 또 봄이 되면 어떻게 우리나라를 찾아오는 것일까?

무엇이 철새들의 이주 본능을 자극하는지 아직 확실하게 밝혀지지는 않았지만 신체 내부에 특수한 생물 시계가 작동해서 많은 조류가 해마다 같은 날짜에 이동을 시작하는 것으로 추측되고 있다.

방향을 잡을 때 대부분의 철새들은 낮 동안에는 태양을 기준으로 이동하고 밤에는 별을 기준으로 이동한다. 어떤 새들은 강의 계곡, 산, 바닷가의 모양과 같은 지형지물을 따라 이동하기도 한다.

또 몇몇 특이한 조류들은 지구의 자장, 편광, 적외선, 심지어는 기압의 미세한 변화에도 감응한다는 증거가 있다고 한다.

어떤 철새는 시력이 매우 좋아 멀리 있는 물체나 지상의 건물 등을 구별해서 길을 찾기도 한다. 하지만 철새가 이동하는 대부분의 공간은 바다, 들판처럼 특별히 기준으로 삼을 만한 지형지물이 없다. 이렇

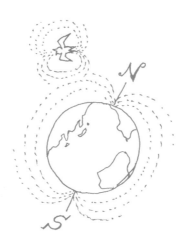

게 특별한 지형지물이 없는 곳을 갈 때는 태양을 기준으로 방향을 찾기도 한다.

대부분의 철새는 밤에 장거리를 이동한다. 이렇게 주로 밤에 이동하는 철새들은 별자리를 보고 방향을 잡는다. 또 비둘기는 지구의 자기장을 구별하여 날아가는 것이 실험을 통해 알려져 있다고 한다.

이렇게 철새들은 그 종류에 따라 방향을 잡는 방법이 다르긴 하지만 한 가지의 방법만으로 방향을 잡는 것은 아니다. 그런데 철새들도 이동 중에 가끔 실수를 해서 엉뚱한 곳에서 새로운 보금자리를 찾기도 한다. 하지만 대부분 이렇게 실수를 하면 생명의 위험을 감수해야 한다.

거미줄을 치는 거미의 종류는 거의 3만 7,000종에 달한다. 거미는 거미줄 위에서 움직일 때 중앙에서 바깥쪽으로 방사형으로 뻗어 있는 실을 이용한다. 이 방사형 거미줄은 매우 질겨서 그물의 모양을 튼튼하게 유지해주지만 접착력은 없다. 그래서 거미가 이 줄로만 다니는 이상 거미줄에 붙을 염려는 없다. 이 방사형의 거미줄과 달리 중앙을 중심으로 나선형으로 둘러싸고 있는 거미줄은 먹이잡이에 사용되는 포획용 줄로 사용된다. 이 포획용 거미줄에는 거미가 묻혀 놓은 아교질의 액체가 발라져 있어 파리나 모기, 잠자리 같은 곤충이 일단 거미줄에 걸리면 빠져나가지 못한다. 일단 곤충이 거미줄에 붙으면 거미들은 먹이를 명주 난낭으로 가둔다. 그리고 거미줄에 걸린 사냥감은 서로 일정한 간격을 두고 떨어져 있는데, 이 사이가 거미가 이동하는 접착 성분이 없는 거미줄의 공간이다.

거미는 여섯 개의 돌기를 사용해서 다양한 거미줄 종류를 만들어낸다. 그리고 거미들에 따라 접착제가 묻어있는 거미줄의 간격이 달라서 다른 거미가 쳐놓은 거미줄에는 달라붙을 수 있다.

연어는 긴 여행을 마치고 태어났던 강으로 돌아와 알을 낳고 죽는다. 그리고 이 알에서 깨어난 연어 새끼들은 넓은 바다로 나갔다가 4년이 지나면 다시 자신이 태어난 강으로 돌아와 알을 낳고 또 죽는다. 그런데 왜 연어들은 자신이 태어났던 곳으로 돌아와 산란을 하는 것일까? 또 어떻게 먼 바다로부터 정확하게 자신이 태어났던 곳으로 돌아올 수 있는 것일까?

이런 의문은 오랫동안 사람들의 호기심을 자극하고 흥미 있는 문제였다. 연어가 자신이 태어난 곳으로 정확하게 돌아올 수 있는 방법으로는 여러 가지의 설이 있다.

먼저 연어의 염색체에 어떤 회로가 내포되어서 환경의 자극에 유전적으로 반응을 보인다는 설이다. 이 설은 연어가 하천으로 돌아오는 날을 거의 정확하게 알 수 있다는 것에서 출발했다. 즉 앞 세대가 모천으로 돌아온 날과 거의 정확하게 그들의 다음 세대도 같은 장소로 돌아온다는 것이다.

둘째로, 후천적으로 자신이 태어난 곳을 찾을 수 있는 후각이 발달되어 있다는 설이다. 모든 강은 각각 독특한 냄새를 가지고 있고, 연어는 이 냄새를 찾아 자신이 태어난 곳으로 돌아온다는 것이다.

이외에도 태양의 위치에 따라 방향을 결정, 일정한 방향으로 어류가 이동한다는 태양 컴퍼스설, 지구 자기의 흐름을 감지하여 이동한다는 자기설이나, 해수의 온도 또는 염분농도차를 감지하여 회유한다는 설들이 있으나, 아직 과학적으로 증명이 되지는 않았다.

연어는 일단 강으로 돌아오면 먹이 섭취를 중단한다. 하지만 몸속에 저장된 지방과 근육은 산란장 형성, 우열싸움 그리고 산란을 하기에 부족하지 않다.

연어는 여러 가지 생리적 변화인 밝은 혼인색을 띠게 되며 곱사연어의 수컷은 등에 혹 모양의 육봉이 생기거나 갈고리 모양의 턱 그리고 날카로운 송곳니 등이 생기며, 소화관은 퇴화되고 싸울 능력과 상처치유 능력이 감소한다.

그럼 왜 그냥 강에서 살지 않고 바다로 가는 걸까?

연어과의 어류 중에는 일생을 강이나 호수에서 보내는 종도 있다. 바다로 가는 연어들도 아주 오래 전에는 강에서 생활을 했지만, 풍부한 먹이를 구하려고 바다로 나가게 되었
다고 한다.

침엽수는 왜 항상 초록색일까?

    침엽수가 자라는 곳은 알래스카, 스칸디나비아, 시베리아 지역과 같은 북반구의 산림 지역, 중위도 지역, 남부 유럽 지역 등이다.

    이 지역들은 대체적으로 바위가 많고 척박하며, 기온이 낮아서 땅이 얼어붙어 있거나 눈이 자주 내린다. 특히 겨울의 찬 공기는 건조해서 식물로부터 수분을 빼앗는다. 그래서 활엽수가 이런 환경에서 자라는 것은 거의 불가능하다.

    하지만 침엽수는 잎이 선인장의 가시처럼 발달해 있을 뿐만 아니라 기공이 침엽의 내부에 있어 나무에 필요한 수분이 배출되는 것을 막는다. 이 기공들은 공기 속의 이산화탄소를 받아들이고 산소와 수분을 내보내는 역할을 한다. 또 잎의 겉이 매우 두꺼운 세포로 구성되어 있어서 서리 예방에도 적합한 구조를 가지고 있다. 그리고 침엽수는 푸른 잎을 통해 추운 겨울에도 광합성이 가능하다. 이 때문에 어떤 침엽수는 1년에 거의 1미터 가까이 자라기도 한다.

전기뱀장어는 어떻게 전기를 만들까?

전기뱀장어는 몸의 거의 3/4 정도가 꼬리근육으로 이루어져 있는데 이 근육이 전기판을 만든다. 전기판은 같은 방향으로 늘어서 있는데 마치 전지를 연결해 놓은 것과 같은 모양을 하고 있다. 전기뱀장어의 근육에는 이 전기판이 거의 6,000여 개나 존재하는데, 이 전기판은 직렬구조를 하고 있고 140개 정도의 전기판만이 병렬구조로 이루어져 있다. 그래서 신경 충격이 가해지면 순식간에 650볼트나 되는 전기를 일으키게 된다. 이 정도의 전력은 사람이나 물고기, 대형 동물들에게까지도 치명상을 입힐 수 있는 양이다. 하지만 대부분의 경우 자신을 보호하기 위해서 하는 행동이다.

그런데 왜 전기뱀장어 자신은 감전이 되지 않는 것일까? 그것은 전기뱀장어의 두꺼운 지방질의 몸이 절연체 역할을 해서 전기를 상대적으로 덜 받는 구조를 하고 있기 때문이다. 이외에도 강한 전기를 일으키는 종류로는 전기메기, 전기가오리 등이 있다.

"이얏! 에고 아직 작아서 못 먹겠다. 오랜만에 바다낚시 따라왔는데 잡히는 건 없고. 이거라도 집에 가져가서 키워서 구워 먹을까?"

"야! 야! 바닷고기를 민물에서 어떻게 키우냐?"

"그런가? 그런데 왜 바닷고기는 민물에서 살지 못하지?"

물고기들은 물속에서 살아야 하므로 몸 안에 수분과 전해질(염분) 균형을 유지하는 데 있어 독특한 방법을 사용하고 있다. 이를 삼투 조절이라고 하는데, 대부분의 어류에 있어 민물이냐 해수냐를 결정하는 것은 이 삼투조절 시스템의 차이 때문이다.

삼투압은 농도의 차이에 의한 물의 이동이다. 즉 농도가 낮은 곳에서 농도가 높은 곳으로 물이 이동해서 양쪽의 농도가 비슷해지는 것이다.

바닷물고기의 몸 안의 염도는 1.5%이고 바닷물의 염도는 약 3.5%이다. 그래서 핏줄 속의 수분이 빠져나가지 않게 하기 위해 피의 농도를 바닷물의 농도와 비슷하게 만든다. 또 짠물을 많이 삼키면서 오줌은 조금 싸며 과잉 염분은 아가미에 있는 특수 세포를 통해 외부로 내보낸다. 만약 이 기능이 없다면 바닷물고기는 모두 탈수증으로 죽어버릴 것이다. 반대로 농도가 낮은 민물에 가면 핏줄 속으로 수분이 침

투해 핏줄이 팽창해서 죽게 된다.

　반대로 민물고기는 몸속의 염도가 외부의 염도보다 낮기 때문에 신장을 통해 끊임없이 수분을 방출하고 염분을 섭취한다. 이 민물고기가 바닷물 속으로 들어가면 몸 안의 수분이 모두 빠져나가 죽게 된다.

대나무는 나무가 아니라 여러해살이 풀이다. 대나무는 겉으로 보이는 모습이 몇 년 동안 계속 되기 때문에 나무처럼 보이지만, 줄기는 매년 땅 속에서 처음 나올 때의 굵기로 평생을 유지한다.

보통의 나무들은 줄기 끝에만 생장점이 있지만 대나무는 각 마디마다 생장점이 있어 매우 빠르게 자란다. 대나무의 1시간 동안의 생장 속도는 소나무의 30년 동안의 길이 생장에 해당한다고 하니 얼마나 빠르게 자라는지 짐작해 볼 수 있을 것이다. 그런데 줄기의 벽을 이루는 조직의 이런 빠른 생장 속도와 다르게 속을 이루는 조직은 세포 분열이 느리기 때문에 속이 비게 된 것이다.

대나무는 땅속줄기를 뻗어 죽순으로 번식하고 꽃은 피우지만 열매는 맺지 않는다. 그렇지만 그 꽃은 십여 년이나 또는 백여 년에 한 번 정도 핀다고 한다. 또 어떤 지역에서는 대나무들이 동시에 꽃을 피운 뒤 말라 죽는다고 하는데, 전라남도 담양에서도 이런 현상이 일어났다고 한다.

개미는 왜 높은 곳에서 떨어져도 살까?

모든 물체는 중력에 의해 지구 중심을 향해 아래로 끌어당겨져서 떨어지는 힘을 받는다. 이때 받게 되는 힘은 떨어지는 물체의 질량, 떨어지는 높이, 중력가속도에 비례한다. 그래서 질량이 클수록, 높이가 높을수록 더 큰 힘을 받게 된다. 또 공기의 저항이 없는 상태라면, 물체가 떨어질 때 시간에 비례해서 점점 속도가 빨라진다.

하지만 실제로 땅에 떨어질 때는 공기 저항력이 작용을 한다. 물체의 표면과 공기 분자가 충돌하면서 중력과 반대 방향으로 힘을 받게 되는 것이다. 중력과 이 공기 저항의 힘이 균형을 이루면 물체의 떨어지는 속도는 더 이상 빨라지지 않는다. 이때의 속도를 '종단속도'라고 하는데 물체의 질량이 클수록 종단속도도 커진다.

예를 들어 코끼리가 높은 곳에서 떨어지면 공기 저항력보다 중력이 훨씬 크기 때문에 점점 속도가 빨라져 결국 바닥과 만나게 되면 죽게 될 것이다. 하지만 개미는 질량이 작아 공기저항력이 더 많이 작용하기 때문에 코끼리와 같은 높이에서 떨어지더라도 큰 상처를 입지 않는다. 떨어지는 속도가 그만큼 느리다는 것이다.

해바라기의 꽃이 피기 전의 꽃봉오리는 동서로 움직이고, 꽃이 피고 나면 남쪽을 향해 고개를 숙인다. 꽃을 피우기 위해 필요한 양분을 얻기 위해 꽃봉오리와 줄기와 잎의 끝부분이 해를 따라 움직이는 것처럼 보이는 것이다. 밤이 되면 이들은 다시 동쪽으로 돌아온다.

이렇게 햇빛의 방향에 따라 줄기가 휘는 것을 굴광성이라고 한다. 옥신이라는 세포의 길이를 늘어나게 하는 호르몬이 있는데, 이 옥신은 햇빛이 비치는 반대쪽 방향으로 이동한다. 그러면 빛을 받지 않는 쪽이 빛을 받는 쪽보다 더 빨리 자라면서 빛이 있는 방향으로 줄기를 굽어지게 만든다. 그렇게 하루 종일 태양의 반대쪽으로 이동하면서 줄기가 햇빛을 가장 많이 받을 수 있게 만들어 주는 것이다.

집이 있는 달팽이 종류는 처음부터 집을 가지고 태어나고, 민달팽이처럼 집이 없는 달팽이도 처음부터 집이 없는 채로 태어난다. 달팽이의 집은 적으로부터 몸을 보호해주지만, 민달팽이는 집이 없기 때문에 끈적끈적한 분비물을 분비해서 다른 동물들로부터 몸을 보호한다. 달팽이의 집에는 중요한 장기들이 있는데 이 내장 주머니 속에는 폐, 장, 심장 같은 기관들이 들어있다.

집이 있는 달팽이인 포도원 달팽이는 어미 달팽이가 땅에 구멍을 파고 알을 묻는다. 이 알이 부화되면 달팽이들은 알껍데기를 먹으면서 자란 뒤 구멍을 통해 땅 위로 기어 나온다. 그리고 약 3년이 지나면 등 윗부분으로 석회반죽을 분비해서 나선형으로 계속 감아 집을 짓는다. 이때 집이 단단해지도록 하기 위해서는 석회질을 함유하고 있는 먹이를 먹는 게 중요하다.

달팽이집이 왼쪽으로 감아 올라가는 모양인지 오른쪽으로 감아 올라가는 모양인지는 달팽이의 종류에 따라 유전학적으로 정해져 있다고 한다.

도시의 전깃줄은 새들의 휴식처다. 이곳저곳 떼를 지어 앉아 있는데 왜 새들은 전기에 감전되어 죽지 않는 걸까? 혹시 발에 전기가 통하지 않기 때문일까?

몸의 한 부분과 다른 부분 사이에서 전압 차가 있을 때 전기에 감전이 된다. 그래서 고압선을 잡고 매달려 있더라도 다른 전선을 건드리지 않는다면 감전되지 않는다. 비록 전선의 전압이 수 만 볼트일지라도 두 손으로 하나의 전선만 잡고 있으면 손과 손 사이에 전압 차가 없기 때문에 전류가 흐르지 않는다. 전깃줄에 앉아 있는 비둘기가 전기에 감전되지 않는 이유도 마찬가지다.

그러나 새의 한쪽 발이 다른 전선에 닿으면 두 전선이 새를 통해 병렬로 연결되기 때문에 새의 몸을 통해 전류가 흐르게 된다.

우리 몸의 저항은 약 1,000Ω에서 500,000Ω까지 상황에 따라 달라진다. 이 값은 몸이 젖어 있으면 더 적어진다. 그래서 마른 손으로 24V 건전지의 양쪽을 만지면 별 느낌이 없지만 몸이 젖어 있으면 견디기가 힘들다.

바닥을 딛고 서서 손으로 120V를 만지면 손과 다리 사이에 120V

의 전압 차가 생긴다. 하지만 땅과 다리 사이에는 저항이 커 몸을 다치게 할 정도로 큰 전류가 흐르지 않는다. 그러나 발과 땅이 젖어 있다면 다리와 땅 사이의 저항이 작아져서 견딜 수 없을 정도로 큰 전류가 흐르게 된다.

젖어 있는 손으로 전기제품이나 콘센트를 만지지 말라고 주의를 주고 경고를 하는 이유는 바로 이 때문이다.

곤충들은 어떻게 비를 피할까?

시골에 내리는 빗방울의 크기는 3밀리미터 정도이며 떨어지는 속도는 거의 시속 22킬로미터에 달한다. 소나기의 경우에는 빗방울의 크기가 더 커서 6밀리미터에 무게가 100밀리그램이나 되기도 한다.

작은 날벌레인 모기는 크기가 5밀리미터에 무게는 겨우 2밀리그램 밖에 되지 않는다. 그래서 자신보다 몇 십 배에 달하는 무게와 엄청난 속도를 가진 빗방울에 맞으면 목숨을 잃게 된다. 하지만 모기는 1/100초 만에 자세를 바로잡을 수 있는 능력이 있어서 몸 일부분이 빗방울에 부딪쳐도 재빠르게 날개를 회전시켜 다시 날 수 있다. 또 떨어지는 빗방울에 맞아 몸이 갇혀도 5~10cm 정도 후에는 빗방울에서 탈출할 수 있다고 한다. 이런 게 가능한 이유는 매우 가벼운 몸무게와 물에 젖지 않는 날개 때문이다.

이외의 다른 곤충들의 경우에는, 나비들은 나뭇잎 뒷면으로 숨고, 개미와 벌들은 집으로 들어가고, 풍뎅이류는 나무껍질 밑에 숨는다. 곤충들은 비가 오기 전에 기압의 변화를 알아차리고 숨을 곳을 찾아 낮게 날아다니기 때문에 곤충을 먹이로 하는 제비 같은 새들도 낮게 날아다니게 되는 것이다.

모든 개들은 색맹이기 때문에 신호등의 빨간색과 파란색을 구별할 수 없다. 그런데 맹인안내견들은 신호등이 빨간색일 때 주인을 멈추게 하고 파란색이 되면 다시 주인을 인도한다. 맹인안내견이 이렇게 신호를 구별할 줄 아는 것은 긴 시간 동안 고된 훈련을 통해서 익혔기 때문이다. 빨간색과 파란색이 파장의 차이로 인해 명암이 다른 것을 훈련을 통해 알게 되는 것이다.

개의 눈에는 명암을 느끼는 간상체가 많고, 색을 느끼는 추상체가 조금밖에 없기 때문에 색을 잘 구별하지 못한다. 그래서 주로 검은색, 흰색, 회색 같은 색의 농도에 따라 구별하는 것으로 알려져 있다. 하지만 최근의 연구 결과에 의하면 노랑, 빨강, 파랑은 구별할 수 있다고도 한다.

또 개가 초점을 맞추기 위해서는 최소한 33~50cm 정도의 거리가 필요하다. 그래서 33cm보다 가까이에 있는 것은 흐리게 보인다. 반면 멀리 있거나 움직이고 있는 물체를 인식하는 동체 시력은 매우 발달해서 사냥개나 양몰이견의 경우에는 1,500m 앞에서 손을 흔드는 사람까지 구별할 수 있을 정도라고 한다.

깎아놓은 사과는 왜 색깔이 변할까?

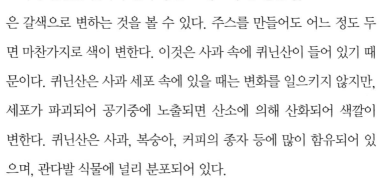

"색깔이 변했네. 못 먹겠다."

"벌써 그렇게 변했나? 헹, 진작 먹을 걸. 아깝다."

사과 껍질을 벗겨서 얼마 동안 그대로 두면 옅은 붉은 갈색으로 변하는 것을 볼 수 있다. 주스를 만들어도 어느 정도 두면 마찬가지로 색이 변한다. 이것은 사과 속에 퀴닌산이 들어 있기 때문이다. 퀴닌산은 사과 세포 속에 있을 때는 변화를 일으키지 않지만, 세포가 파괴되어 공기중에 노출되면 산소에 의해 산화되어 색깔이 변한다. 퀴닌산은 사과, 복숭아, 커피의 종자 등에 많이 함유되어 있으며, 관다발 식물에 널리 분포되어 있다.

사과의 껍질을 벗기거나 자르면 사과 세포가 파괴되고 퀴닌산이 공기 중에 노출된다. 또 사과 세포 속에는 물질의 산화작용을 돕는 산화효소가 함유되어 있는데, 퀴닌산을 산화시켜 옅은 붉은 갈색을 띠는 산화 퀴닌산으로 변화시켜 색깔이 변하는 것이다.

사과의 색이 변하는 것을 막으려면 껍질을 깎은 후에, 또 사과를 자른 후에 묽은 소금물에 한 번 담갔다 꺼내면 된다. 소금이 없을 때는 맹물에 한번 담갔다 꺼내도 어느 정도 효과를 볼 수 있다.

벌과 나비는 왜 꽃을 좋아할까?

식물의 꽃에는 수술과 암술이 있는데 수술의 끝부분에 꽃가루가 자리하고 있다. 이 꽃가루가 암술과 만나야 씨를 만들고 열매가 맺힐 수 있다. 하지만 이 꽃가루가 스스로 움직여서 암술머리로 갈 수가 없다. 그래서 바람이나 곤충, 물, 새 등의 도움을 받아야 한다.

이때 곤충의 도움을 받으면 '충매화', 바람의 도움을 받으면 '풍매화', 물의 도움을 받으면 '수매화', 새의 도움을 받으면 '조매화'라고 한다.

이중 충매화는 벌이나 나비와 같은 곤충의 도움을 받기 위해 향기와 꿀로 유인한다. 곤충들은 꽃 위에 앉아 꿀을 먹고 모으는 움직임으로 꽃가루를 암술머리로 옮기는 역할을 하게 된다. 이 덕분에 벌과 나비는 맛있는 꿀을 먹을 수 있고, 꽃은 자손을 번식할 수 있게 된다.

맛있는 고등어 자반. 고등어 자반은 고등어를 손질해서 소금으로 절인 음식이다. 그런데 왜 소금으로 절였을까? 고등어는 쉽게 상하는 생선이라서 바다에서 멀리 떨어져 있는 곳에서는 먹을 수 없는 생선이었다. 그래서 어떻게 하면 오래 보관할 수 있을까 연구하다 발견한 게 바로 소금으로 절이는 방법이었다. 이렇게 소금을 이용해 오래 보관할 수 있게 만든 음식은 우리 주변에 아주 흔하다.

그러면 도대체 소금의 어떤 성질이 음식을 오래 보관할 수 있게 하는 것일까?

소금에 절인 음식물이 잘 상하지 않는 이유는 염도가 높기 때문이다. 음식물을 놓아두면 박테리아, 곰팡이 등이 번식을 해서 음식물을 상하게 하는데, 염도가 높으면 이런 세균이 살 수가 없다. 그래서 음식물을 상하지 않게 오래 보관할 수 있는 것이다.

그럼, 왜 염분이 높으면 박테리아나 곰팡이가 살 수 없는 걸까?

김치를 담글 때 배추를 소금물에 담가 숨을 죽이는 걸 본 적이 있을 것이다. 소금물에 담갔다 꺼낸 배추는 풀이 죽어서 늘어진다. 배추 세포 속의 수분이 농도가 높은 소금물로 빠져나갔기 때문이다. 이를 삼투압이라고 한다.

소금과 꿀에는 곰팡이가 생기지 않는다. 농도가 높기 때문이다. 그래서 만일 곰팡이가 생기려고 하면 이 곰팡이의 수분을 모두 **빼앗아**버려서 곰팡이가 죽어버린다. 박테리아도 마찬가지다.

마찬가지로 소금에 절인 음식물은 세포속의 염분의 농도가 높아서 박테리아와 곰팡이의 수분을 모두 **빼앗아서** 살 수 없게 만들어버린다. 그러니 오래 보관할 수 있는 것이다.

이를 염장법이라고 하는데 우리 주위에서 아주 흔하게 볼 수 있는 음식물 보관법이다. 이렇게 소금으로 절이는 과정을 거친 음식을 먹을 때는 적게 먹거나 소금기의 짠맛을 묽게 한 뒤 먹는 게 좋다. 우리 몸에 꼭 필요한 소금이지만 몸에 필요한 이상을 먹으면 몸의 수분대사에 이상을 일으키기 때문이다.

고추는 왜 매울까?

고추에는 캅사이신(capsaicin)이라는 성분이 들어 있는데, 이 성분은 식물이 자신을 지키기 위해서 또 씨를 보호해서 번식을 하기 위해 만들어 낸 화학물질이다. 캅사이신의 매운 맛은 혀에 있는 미각신경이 아니라 점막을 통해 직접 자극정보를 뇌로 보내지는데 이것을 매운맛이라고 한다. 불에 타는 것 같은 이 통증으로 인해 아드레날린의 분비가 촉진되고 심장박동이 빨라지며 땀이 나게 된다. 또 캅사이신은 위액 분비를 촉진시키고 소화를 돕는다. 캅사이신은 물에 녹지 않기 때문에 물을 마셔도 이 매운 맛은 사라지지 않는다.

후추에도 매운 맛이 있는데, 후추의 매운맛은 후추기름에 있는 피페린 성분 때문이다. 후추는 익어가면서 검은색, 흰색, 초록색, 빨간색으로 변하는데 매운맛을 내는 후추는 검은 후추와 흰 후추이며 빨간 후추와 초록색 후추는 향이 좋다. 피페린과 캅사이신은 몸을 따뜻하게 해주는 크림이나 호신용 스프레이의 재료로 이용된다.

모기는 이산화탄소를 감지하는 매우 민감한 감각기관을 가지고 있다. 그래서 사람이 호흡할 때 내뿜는 이산화탄소에 예민하게 반응한다. 이외에도 땀 냄새, 화장품 냄새, 향수 등에도 민감하게 반응한다.

혈액은 몸 밖으로 노출되면 혈소판의 작용에 의해 굳어지게 된다. 아무리 모기라도 하더라도 이미 굳어버린 혈액을 뚫고 피를 빨 수는 없다. 그래서 모기는 똑똑하게도 피를 빠는 동안 혈액이 굳지 않도록 하는 방법을 찾아냈다. 피가 굳는 것을 방지하는 물질을 계속해서 주입하면서 피를 빠는 것이다.

그런데 이 물질이 우리 몸으로 들어오면 우리 몸에서 또한 이 물질을 없애기 위해 활동을 하게 된다. 일단 모기가 피를 빨았던 주위의 혈관을 넓혀서 많은 백혈구가 상처 부위로 달려갈 수 있게 만들어 준다. 그런데 이 백혈구를 부르는 물질이 히스타민이다. 히스타민은 인체에서 혈관을 확장시키는 동시에 혈관의 구멍을 넓혀서 혈액 중 물 성분과 백혈구를 조직 속으로 빼내는 역할을 한다. 히스타민은 상처가 생겼을 때 비만세포에서 분비되는 물질로 가려움증을 유발한다.

가려울 때 시원하게 긁으면 더 가려워지는 것은 긁을 때 히스타민이 들어 있는 주머니들이 터지면서 더 많은 히스타민이 분비되기 때문이다. 그러니 가려워도 좀 참자.

냉장고의 바나나는 왜 검게 변할까?

"바나나가 까매졌어. 먹기 싫어."

"정말이네. 왜 바나나만 색이 변한 거지?"

왜 과일은 냉장고에 넣었다가 먹을까? 과일을 차게 하면 맛이 달라지고 단맛은 온도에 따라서 변하기 때문이다. 과일의 단맛은 주로 포도당과 과당에 의한 것인데 저온일수록 단맛이 강하게 느껴진다. 30℃일 때보다 5℃일 때 단맛이 약 20%나 상승한다. 이렇게 단맛은 올라가는 반면 신맛은 온도가 낮을수록 약해지므로 과일을 차게 해서 먹는 것이 맛있다.

그러나 차게 한다고 해도 너무 차지 않고 10℃ 전후의 온도가 좋다. 너무 차게 하면 향이 없어지고 혀의 감각도 마비되어 단맛을 느낄 수가 없다. 대체로 먹기 2~3시간 전에 냉장고에 넣어 두는 것이 적당하다.

과일은 차게 해서 먹는 것이 맛있다고는 하지만, 반대로 0~10℃ 정도의 낮은 온도에서 오히려 맛이 떨어지는 과일도 있다. 파인애플, 망고처럼 주로 아열대나 열대지방에서 자라는 과일은 대개 이런 현상을 보인다. 자라는 곳이 더운 곳이기 때문에 과일의 맛 또한 그 온도에 맞추어져 있는 것이다. 그래서 차갑게 해서 먹으면 오히려 맛이 떨어지고 과일의 보존도 문제가 된다.

바나나는 익지 않은 상태에서 수확을 하기 때문에 녹색을 띠고 있다. 식탁까지 오는 시간을 고려해서 포장을 할 때 에틸렌 가스를 넣어 숙성시켜 우리가 먹을 때는 노란 바나나를 먹게 된다. 바나나가 잘 익었을 때 잘라 보면 단면에 검은 점이 있는데 이 점을 당분이 모여 있는 곳이라는 뜻으로 '슈가 포인트'라고 한다. 덜 익은 바나나에는 대부분의 탄수화물이 전분의 형태로 있어 단맛이 덜한데, 겉껍질에 검은 점이 생기면서 전분이 당화 과정을 거쳐 포도당, 과당, 자당의 형태로 변화해 단맛이 많아지게 된다.

이런 열대과일은 1시간 이상 냉장고에 넣어 두지 않는 게 좋다. 바나나의 경우 냉장고에 넣어 두면 껍질에 검은 반점이 생기고, 과육이 검게 된다. 또 빨리 변색되고 썩게 된다.

선인장에는 대부분 아주 촘촘하게 작은 가시나 크고 날카로운 가시가 달려 있다. 식물의 잎에는 기공이라고 하는 구멍이 있어 이 구멍으로 기체가 출입한다. 식물은 뿌리로 빨아들인 물을 필요에 따라 이 기공을 통해 수증기의 형태로 외부로 내보낸다.

그런데 이 작용이 필요 이상으로 활발하면 물이 부족한 곳에서 사는 식물들에게는 수분 부족을 일으키게 된다. 그래서 최대한 수분 증발을 최소화하기 위해서 선인장들은 넓은 잎이 아니라 가시 형태의 잎을 가지게 된 것이다.

또 선인장들이 사는 곳은 매우 건조한 곳이기 때문에 다른 많은 동물들이 수분을 얻기 위해 식물을 먹이로 삼을 때가 많다. 이 동물들로부터 몸을 보호하는 데 이 가시들은 아주 적절한 방패 역할을 해주기도 한다. 이처럼 생명체들은 생존을 위해 매우 다양한 방법으로 자신을 보호하고 있다.

토·막·상·식

동물들의 평균 수명은?

개 : 10~20년

거북이 : 10~70년

검독수리 : 80년

고래 : 50년

고릴라 : 35~45년

고슴도치 : 6년

고양이(수컷) : 15~17년

　　　(암컷) : 17~30년

곰 : 15~35년

구피 : 5년

기린 : 25년

다람쥐 : 5년

담수산 섭조개 : 100년 이하

돌고래 : 25년

돼지 : 10~20년

두꺼비 : 36년

뒤쥐 : 2년

마못 : 7년 이상

밍크 : 10년

북극제비갈매기 : 27년

사자 : 10~20년

살인고래 : 90년

생쥐 : 3년

소 : 30년 이상

악어 : 60년

양 : 15년 이상

얼룩말 : 38년 이상

여왕개미 : 19년

새우 : 50년	청개구리 : 20년
육지 거북 : 150년	코끼리 : 50~60년
인도코끼리 : 77년 이상	코끼리 거북 : 180년
잉어 : 50년 이상	콘도르 : 117년
장수거북 : 150년 이상	큰도롱뇽 : 50년 이상
제비 : 9년	타조 : 40년
좀벌레 : 7년	토끼 : 12년
지렁이 : 10년	하마 : 49년
집비둘기 : 35년	향유고래 : 80년
찌르레기 : 19년	호랑이 : 15~25년
철갑상어 : 100년 이상	흰쥐 : 4년 이상

태평양 한가운데에 사는 '포고노포르'라는 무척추 동물은 가장 오래 사는 동물이다. 포고노포르는 제 몸에서 나오는 분비물로 관을 하나 만들고 그 안에 들어가서 산다. 그런데 그 관은 250년에 1mm밖에 자라지 않는다. 지금까지 발견된 포고노포르 중에서 가장 큰 것은 1m였는데, 나이는 무려 25만 살이나 된다.

chapter 3
도구와 기계

Why
비행기는 왜 직선항로로 안 갈까?

비행기를 타고 구름 위를 나는 기분은 참으로 특별한 느낌을 준다. 새가 된 것 같기도 하고 세상 어디라도 자유롭게 날아다닐 수 있을 것 같다. 하지만 먼 곳을 가게 되면 생각이 조금 달라진다. 오랜 시간을 좁은 비행기 속에 갇혀 있다 보면 서서히 짜증도 나고 비행기가 느림보 같다. 왜 또 그리 자주 쉬어 가고 여기 저기 들러서 가는 걸까? 곧바로 가 버리면 시간도 덜 걸리고 편리할 텐데.

눈에는 보이지 않지만 하늘에도 길이 있다. 그 길은 날씨, 날아서 거쳐가는 나라와의 관계, 안전한 비행을 하기 위해 만들어 놓은 조건 등 여러 가지를 조합해서 만들어진다.

우리의 눈에는 보이지 않지만 바다에 해류가 있는 것처럼 하늘에도 바람의 흐름이 있다. 비행에 이용되는 바람 중에 제트기류라는 것이 있는데 이 제트기류를 타고 날아가면 시간을 많이 줄일 수 있다. 이런 바람의 흐름에 따라 그날 그날 항로가 달라지기도 한다.

또 다른 나라의 하늘을 지나갈 수 있는지 지나갈 수 없는지에 따라서도 하늘의 길이 만들어진다. 비행기를 타고 미국을 갈 때 러시아도 지나고 일본도 지나고 캐나다도 지나는데, 허락 받지 않은 나라의

138

하늘로는 비행을 할 수가 없다. 그런데 나중에 그런 나라에게도 허락을 받고 그 나라를 지나는데 더 빠르면 항로를 변경하게 된다.

또 한 가지는 비행을 할 때 혹시라도 안전에 문제가 생겼을 때 문제를 해결할 수 있어야 한다. 그래서 비행기에 문제가 생겼을 때 착륙할 수 있는 공항이 주위에 있어야 한다. 만일 태평양 위를 날던 비행기에 문제가 생기면 주위에 도움을 받을 곳이 없기 때문에 곤란한 상황이 생길 수 있다. 물론 지금은 비행기와 비행기술이 좋아져서 태평양을 횡단하는 항로를 이용할 수 있다.

이와 같은 이유로 비행기는 곧바로 가고자 하는 곳으로 마음대로 가지 못하고 이곳저곳을 들러가는 형태를 가진 하늘의 길이 만들어졌다. 하지만 더욱 과학기술이 발전하게 되면 전 세계를 직선으로 비행할 수 있게 될 것이다.

나침반의 N극은 왜 북쪽을 향할까?

"헉~헉~ 아빠! 천천히~."

"힘내~ 조금만 더 올라가면 돼!"

"근데, 아빠! 이쪽으로 가는 게 맞아요?"

"지도와 나침반을 보니 이쪽이 정상으로 가는 길이 맞구나."

"아빠! 그런데 왜 나침반의 N극은 항상 북쪽을 가리켜요?"

"아! 그건 말이지, 응? ……."

방향을 모르거나 길을 잃었을 때 또는 어떤 곳에서 방향을 알아보려고 할 때 나침반을 사용한다. 또한 나침반의 N극이 가리키는 곳이 북쪽이라는 것을 누구나 잘 알고 있다. 그런데 나침반의 N극은 왜 항상 북쪽을 향하고 있을까?

먼저 나침반의 원리에 대해 알아보자. 물질을 구성하는 최소 단위는 원자이다. 이 원자들이 모여 분자를 만드는데, 이 원자나 분자 가운데는 처음부터 자성을 가진 것들이 있다. 예를 들면 철의 분자가 그러한데, 도선에 전기를 통하면 그 주변에는 자기력이 형성된다. 이 자기력이 작용하는 공간을 자기장이라고 하며, 거기서는 자기력이 일정한 법칙을 바탕으로 작용하고 있는데, 그 자기력은 같은 극끼리는 서로 밀어내고, 다른 극끼리는 서로 끌어당긴다. 방위 자석인 나침반은 작은 자석으로 되어 있다. 나침반 바늘에 강한 자석을 가까이 대면 N극과 S극은 서로 끌어당기고, N극과 N극, S극과 S극은 밀어낸다.

지구는 커다란 자석이다. 지구의 북극은 S극, 남극은 N극으로 되어 있다. 그래서 나침반의 N극은 언제나 북쪽을 가리키고, S극은 남쪽을 가리키게 되는 것이다. 그러므로 지구 어디에 있어도 자석만 가지고 있다면, 북쪽과 남쪽 방향을 금방 알 수 있는 것이다.

그러나 지도상의 극점과 지구라는 자석의 극점은 같지 않아서, 실제로는 지도상의 북극과 실제 자석으로 측정한 북극은 1,500Km 정도 떨어져 있다고 한다. 이렇게 나침반이 가리키는 방향을 지도상의 정북 방향으로 생각하면 엉뚱한 착오가 생기기 때문에, 항해 등을 할 때는 이러한 오차를 수정한 것이 쓰이고 있다. 지구의 자기장은 천천히 변하고 있는데, 지금으로부터 70만 년에서 250만 년 전까지는 지구 자석의 N극과 S극이 지금과는 반대였다고 한다. 그러므로 앞으로도 N극과 S극이 서로 바뀔 가능성이 있는 것이다.

아침잠 많은 사람에게 알람시계만큼 고마운 게 또 있을까? 물론 알람 소리를 끄고 다시 잠들어 버리는 실수를 저지르기도 하지만 대부분의 사람들은 알람 소리와 함께 하루를 시작한다고 볼 수 있다.

알람시계의 역사는 수백 년 전으로 거슬러 올라간다. 1364년 독일의 시계공인 '헨리 드 비크'는 도르래의 원리를 이용해 톱니바퀴를 일정한 속도로 회전시켜 시침과 분침이 시간을 가리키는 시계를 만들었다. 그리고 1750년경에 스위스의 '스로'라는 사람에 의해 오늘날과 같은 형태의 알람시계가 만들어졌다. 지금은 남아 있지 않지만 세종대왕 때 장영실도 자격루라는 물시계를 만들었다. 이 물시계는 자정이 되면 인형이 종을 쳤다고 한다.

그럼 그 전에는 어떻게 시간을 알렸을까? 사극을 보면 알 수 있듯이 일정한 시간이 되면 사람들이 직접 종을 쳐서 시간을 알렸다고 한다. 옛날에도 시간은 인간의 생활에서 중요한 기준점의 역할을 했던 것이다.

아날로그 알람시계에는 시침과 분침 외에 알람을 울릴 시간을 정하는 시계 바늘이 하나 더 있다. 이 시계 바늘을 필요한 시간에 맞춰

놓으면 그 시간에 시침과 만나게 된다. 이때 내부에 전류가 흐르면서 알람이 울리게 된다. 그리고 정지 버튼을 누르면 이 전류가 다시 차단되어서 소리가 멈추게 된다. 예전에는 대부분 종소리가 울렸지만 요즘에는 메모리 칩을 내장해서 여러 가지 소리가 날 수 있게 해 놓았다.

이같은 알람시계의 원리는 텔레비전이 자동으로 켜지고 꺼지게 하는 것, 세탁기의 세탁완료 멜로디 등에 응용되어 쓰이고 있으며 영화에서 볼 수 있는 시한폭탄에도 쓰이고 있다. 예전 시한폭탄의 경우에는 시계의 동작을 멈추면 폭탄이 터지는 것을 막을 수 있었다고 한다.

철길에 돌은 왜 깔았을까?

　기찻길도 고속도로처럼 단단하게 만들면 보기도 좋고 관리하기도 쉬울 것 같은데, 왜 불편하고 모양 안 나게 돌을 깔아 놓고 그 위에 철로를 올려 놓았을까?

　기차들이 달리는 철로를 보면 철로 바로 밑에 일정한 간격으로 받침대가 깔려 있고 그 밑으로는 두툼하게 작은 돌을 깔아 놓았다. 이 돌들은 기차가 지나갈 때 기차의 무게를 지탱하고 또 부서지면서 기차에 가해지는 충격을 줄여 주는 역할을 한다. 또 기차가 지나갈 때 생기는 크고 시끄러운 소리도 줄여 준다.

　또 비가 오면 빗물이 잘 빠지게 해주고, 풀이 자라지 못하게 하여 서릿발로 인해 철로가 솟아오르는 것도 막아 준다. 또 기차가 달릴 때 충격을 흡수하여 기차의 흔들림을 줄여 주는 역할도 한다.

　기차가 생긴 이래로 많은 변화와 발전이 있었다. 그 동안 여러 가지의 실험과 변화를 거치면서 만들어진 구조이니 보기에는 세련되어 보이지 않아도 나름 과학적 연구의 성과라고나 할까. 물론 나중에 더 좋은 철로의 구조가 비용적인 측면에서도 만족스럽다면 바뀌지 않을까?

　그런데 이 돌들은 기차가 안전하고 빠르게 달리기 위한 역할을 하면서 깨지기도 하고 돌 사이가 너무 촘촘해지기도 한다. 그래서 철로 보수를 하시는 분들이 날마다 점검을 하면서 자갈을 뒤집어 주기도 하고 부족한 부분에는 보충을 하는 일을 하고 있다.

　하찮게 보이는 작은 돌들이 우리의 즐거운 기차여행을 위해 애쓰고 있음(?)을 잊지 말자. 고마워! 돌.

야광은 왜 밤에도 보일까?

"나 야광시계 샀는데 한번 볼래? 어두워도 보인다."

"얘는 촌스럽게, 언제적 자랑거리더란 말이냐."

"그래도 한번 봐주면 안 되겠니? 신기한데……."

어떤 물질에 빛을 쪼일 경우 쪼인 빛과 다른 빛이 그 물질에서 나오는 경우가 있는데 이를 형광이라고 한다. 이를 교통표지판이나 시계 등에 이용하고 있는데 이 야광물질은 정확히 이야기하면 인광을 내는 것이다. 인광이란 쪼이던 빛을 제거해도 계속 빛을 내는 것을 말한다

인광체가 빛을 흡수하면 이를 구성하는 물질의 전자는 들뜬 상태가 된다. 전자는 에너지를 받으면 들뜬 상태가 되었다가 에너지를 방출하며 바닥 상태로 되돌아간다. 이때 전자가 방출한 에너지가 빛으로 보이는 것이다.

인광체가 빛을 제거한 후에도 계속 빛을 내는 것은 전자가 바로 바닥상태로 떨어지지 않고 서서히 떨어지기 때문이다. 먼저 중간 상태를 거친 다음 다시 바닥상태로 돌아가면서 빛을 방출하는 것이다. 즉 인광체는 에너지를 한동안 머금고 있다가 천천히 방출하는 것이다.

요즘은 인광물질에 방사성원소를 조금 첨가해 빛을 쪼이지 않아도 빛을 발하는 제품이 나오고 있다. 방사성원소는 서서히 핵이 붕괴되면서 사방으로 방사선을 방출한다. 그래서 인광물질에 방사성원소를 첨가하면 빛을 쪼이지 않아도 방사성원소로부터 나오는 방사선을 받아 전자들이 들뜨게 되는 것이다.

"신기하단 말이야."

"뭐가?"

"하루는 해가 뜨고 지니까 하루라고 하는 건 알겠는데, 한 달은 어떻게 정한 걸까? 그리고 1년은? 그것보다 더 궁금한 건 누가 만들었을까?"

먼저 우리나라는 1895년(고종 32년) 음력 11월 17일을 양력 1896년 1월 1일로 공식 사용하기 시작했다. 그리고 1948년 9월 25일 단군기원이 제정되어 단기연호를 공식 사용하였고, 그 후 1962년 1월 1일(단기 4295년 1월 1일)부터 다시 태양력을 공식 사용했다.

고대 메소포타미아는 달이 변하는 주기에 따라 29일 또는 30일을 한 달로 정하고 열두 달을 1년으로 하는 태음력을 사용했다. 그런데 태음력은 1년이 354일이었다. 그래서 오차가 날 수밖에 없어 윤달을 넣는 방법으로 이를 해결했다.

1년을 365일로 정한 태양력을 최초로 사용한 사람은 이집트인들이다. 그들은 1년을 주기로 정확히 반복되는 나일강의 범람을 관찰해 달력을 만들었다. 1년을 열두 달, 한 달을 30일로 정하고 여기에 다시 5일을 더했다. 하지만 이집트의 천문학자들은 이 달력이 4년에 한 번 윤년이 필요하고 1년에 6시간 정도의 오차가 난다는 것을 알고 있었다.

이러한 오차가 나는 달력을 바꾼 사람이 바로 로마의 율리우스 시저였다. BC 46년에 만들어진 '율리우스력'에서 처음으로 1년을 365일로 정했으며 4년마다 하루를 더한 윤년을 만들었다.

하지만 율리우스력도 완벽한 달력은 아니었다. 4년마다 윤년을 정할 경우 1년에 674초(0.0078일) 정도 오차가 생겼다. 적은 오차였지만 16세기가 되자 누적 오차가 10일이나 되었다.

그리고 마침내 1582년 로마 교황 그레고리우스 13세에 의해 '그레고리력'이 만들어졌다. 그레고리력은 100으로 나누어지지 않으면서 4로 나누어지는 해(96회)와 400으로 나누어지는 해 1회를 합해 400년 동안 97회의 윤년을 두었다. 이 '그레고리력'이 현재 사용하고 있는 달력이다.

그레고리력은 실제 태양력과 3,300년에 1일의 차이가 생기는데 현재는 이를 보완해 4,000년, 8,000년 등을 윤년이 아닌 평년으로 하기로 했다.

아침에 이슬이 맺히는 것과 에어컨에서 물이 생기는 것은 같은 원리이다. 낮 동안 공기가 따뜻해지고 증발이 활발해져서 많은 수증기가 공기 중에 녹아 있는데, 밤이 되어 기온이 내려가면 이 많은 수증기들이 다 녹지 못하고 공기 밖으로 '밀려나게' 된다. 밀려난 수증기는 액체로, 즉 물방울 형태로 변한다. 그래서 이 물방울들이 풀잎이나 땅바닥에 맺힌 것이 이슬이 되는 것이다.

여름에 에어컨을 켜면 공기의 온도가 내려간다. 그래서 따뜻한 공기 속에 녹아 있던 수증기들이 응결되어 물방울이 된다. 특히, 우리나라의 여름은 고온다습하기 때문에 물이 더 많이 나오게 된다. 장마철에 물이 더 많이 나오는 것은 눈으로도 쉽게 확인할 수 있다.

"올해는 눈이 오지 않는다는데, 그럼 스키장 못 가는 거냐?"

"에이, 눈 안 와도 스키장에는 눈이 있던데."

"그거, 인공눈이잖아. 돈이 많이 든다던데. 그나저나 인공눈 그거 어떻게 만드는 걸까?"

인공눈을 만드는 인공제설기가 등장한 지는 약 50년이 되었다고 한다. 1948~49년에 미국의 모호크 마운틴 리조트 사장으로 있던 쉬첸크니히트(Schcenknecht)는 눈이 오지 않아 사업이 힘들어지자 주변 농장의 관계용 파이프를 끌어와 물을 뿌리고 커다란 송풍기를 설치하여 인공눈을 만들어 스키장을 운영했다고 알려진다.

인공제설기는 물을 재료로 눈을 만든다. 물을 아주 작은 입자로 만들어 공중에 뿌려 얼리는 것으로 사실은 눈을 만드는 것이 아니라 얼음가루를 만드는 것이다.

인공제설기 내부는 물을 가는 줄기로 내뿜는 노즐과 노즐에서 나오는 물줄기를 작게 잘라주는 회전날개로 구성되어 있다. 그래서 회전날개를 통과해 나온 물방울의 지름은 보통 5㎛ 미만이라고 한다. 이렇게 제설기에서 뿜어져 나온 물방울이 15~60m 가량을 날아가는 동안 차가운 바깥 공기에 열을 빼앗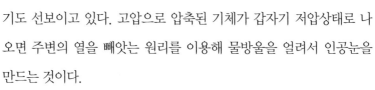
겨 땅에 떨어질 때쯤에는 얼음가
루가 되는 것이다. 따라서 인공
눈도 바깥 기온이 영하인 날씨에서
만 만들 수 있었다.

　최근에는 기체를 압축한 다음 물
방울과 섞어서 분사하는 방식의 인공제설
기도 선보이고 있다. 고압으로 압축된 기체가 갑자기 저압상태로 나
오면 주변의 열을 빼앗는 원리를 이용해 물방울을 얼려서 인공눈을
만드는 것이다.

　인공눈은 작은 얼음 알갱이여서 자연눈과는 전혀 다른 성질을 가
지고 있다. 보통 자연눈의 밀도는 인공눈의 부피의 절반 이하라고 한
다. 그래서 눈과 눈 사이의 공간이 채워지며 나는 '뽀드득' 소리를 들
을 수 없고 넘어졌을 때도 자연눈에 비해 더 아프다. 또 인공눈은 쉽
게 녹지 않아 많은 양을 쌓아 놓으면 영상 10도까지는 스키를 탈 수
있다고 한다. 대신 인공눈은 잘 뭉쳐지지 않아 눈싸움을 할 수가 없
다. 이게 참 아쉽다.

날씨가 추워지면 손난로를 가지고 다니는 친구가 부러울 때가 있다. 손난로는 주머니 속에서 따뜻하게 열을 발생시켜 추운 겨울에 차가운 손을 녹여 주는 신기한 기능을 가지고 있다.

손난로는 안에 젤과 비슷한 액체가 채워져 있는 화학 혼합물 주머니인데 크게 두 가지로 나눌 수 있다. 흔들이 손난로는 한 번 사용하고 버리지만 따뜻함이 좀 더 오래 지속되는 손난로이다. 똑딱이 손난로는 재사용이 가능한데, 차가워진 주머니를 뜨거운 물로 다시 데우면 내용물이 원래의 젤 상태로 돌아가기 때문에 이 과정을 반복해서 사용하면 하루 종일 따뜻하게 사용할 수 있다.

정말 신기한 이 손난로에는 어떤 원리가 숨어 있을까?

먼저 흔들이 손난로에는 철가루, 소량의 물, 소금, 활성탄, 질석, 톱밥이 들어 있다. 이 손난로는 안에 있는 철가루가 공기 중의 산소와 반응하면서 산화될 때 발생하는 열을 이용한다. 철가루가 자연적으로 산화될 때는 오랜 시간에 걸쳐 서서히 일어나기 때문에 열이 발생하는 것을 느낄 수가 없다. 하지만 이 철가루를 물, 소금, 활성탄과 섞이도록 주머니를 흔들면 반응을 일으켜 열을 내게 되고, 소금과 활성탄은 이 반응이 빨리 일어나도록 도와 준다. 또한 물과 산소가 없으면 철의 산화가 일어나지 않으므로, 소량의 물이 필요하고 손난로의 봉지를 뜯어 산소와 접촉되어야 비로소 산화가 시작되면서 열을 내게 된다. 질석과 톱밥은 충전재, 단열재의 역할을 한다. 철이 다 산화되면 반응이 멈추고 손난로는 다시 사용할 수 없게 된다.

그럼 재사용이 가능한 똑딱이 손난로의 원리를 알아보자.

똑딱이 손난로 안에는 투명한 액체형 물질과 금속판이 들어 있다. 금속판을 구부려 꺾으면 주위에 하얀 결정이 자라나기 시작하면서 봉지가 뜨거워지며, 열이 식은 후에 봉지를 데우면 다시 사용할 수 있다. 손난로 안에 있는 액체 물질은 티오황산나트륨 용액인데 하이포라고도 불리며 식초냄새가 난다. 하이포는 보통 고체 상태로 굳어 있지만 가열하여 온도가 높아지면 액체로 변한다. 하이포는 약간의 충격만 가해도 열을 방출하기 때문에 손난로 속에 들어 있는 작은 똑딱이 금속 단추를 누르면 하이포에 충격을 가해 열을 발행하여 손난로가 따뜻해지게 된다.

흔들이 손난로는 철이 산화되면서 열을 방출해버리고 나면 다시 사용할 수 없지만 보통 10시간 이상 오래도록 열을 방출하는 장점이 있는 반면, 액체형 똑딱이 손난로는 열 방출 시간이 짧지만 가열해서 언제든지 다시 사용할 수 있는 장점이 있다.

반투명거울은 어떻게 만들까?

"헤헤. 저것 봐. 거울인 줄 아나 봐."

"어디 어디?"

"저 봐. 밖에서 코 파고 있잖아. 안에서는 다 보이는데. 헤헤."

한쪽에서만 반대쪽이 보이는 거울을 반투명거울이라고 한다. 이는 유리를 크롬으로 착색하여 빛의 반은 반사하고 반은 투과하도록 만든 유리이다. 그래서 한쪽에서는 거울로, 반대쪽에서는 유리로 보이도록 한 것이다.

이 거울은 조명의 조절에 따라서 영향을 받는다. 그래서 어두운 곳에 있는 사람은 반대쪽을 볼 수 있고, 밝은 곳에 있는 사람은 어두운 곳에 있는 사람을 볼 수 없다. 밝은 쪽의 사람은 반투명 거울 표면에서 반사하는 빛이 강하므로 보통의 거울처럼 보이는 것이며, 어두운 쪽에 있는 사람은 투과하는 빛이 강하므로 유리처럼 볼 수 있게 되는 것이다.

불에 넣어도 터지지 않는 부탄가스가 있을까?

"이 녀석아! 고기 좀 천천히 먹어라. 체하겠다."

"헤헤! 이제 부탄가스도 없어서 더 굽지도 못해요."

"오빠! 빨리 가서 부탄가스 좀 사와라!"

"이 녀석들 그만 해라. 다음에 또 먹으면 되잖아!"

"더 먹고 싶은데. 그런데 아빠! 부탄가스는 불에 넣으면 터지는 거 맞죠?"

"그래, 불에 넣으면 빵 하고 터지지."

"학교에서 배웠는데 요즘 부탄가스는 터지지 않게 만들어서 사고가 많이 줄었데요."

"오빠! 정말이야? 그러면 부탄가스가 터지지 않는 원리가 뭐야?"

"그건…… 너도 중학교 가면 배우게 되니, 더 이상 묻지 마라."

"에~이~ 오빠 모르지?"

정말 부탄가스통을 불에 넣어도 터지지 않는 것일까?

예전에는 다 사용한 부탄가스통을 불에 넣으면 '빵' 하고 터져서 사고가 많이 발생되었다고 한다. 그러나 지금은 위험한 사고가 발생하지 않도록 하기 위해 부탄가스통을 불에 넣어도 터지지 않는 안전한 부탄가스통이 만들어졌다.

먼저 부탄은 어떻게 만들어지는지 알아보자. 부탄은 4개의 탄소원자를 갖는 메탄계 탄화수소인데, 강한 압력을 가해 액체 상태로 만들어서 통에 넣은 것이 우리가 흔히 사용하는 부탄가스이다. 그 통에 열을 가한다고 생각해보자. 가스의 온도가 올라가면서 부피가 팽창하게 되므로 캔이 압력을 버티지 못할 정도로 부피가 팽창하면서 터져 버린다. 이로 인해 화재와 인명 피해를 일으키는 대형 사고의 주범이 되기도 한다.

이런 사고를 예방하고자 열을 가해도 터지지 않는 부탄가스통을 만들게 되었다.

이 부탄가스통은 뚜껑에 여러 개(12개)의 미세한 구멍을 뚫어서 내부 압력이 상승하면 가스를 저절로 배출해 폭발하지 않도록 했으며, 섭씨 1,000도까지 주변 온도를 높여도 터지지 않도록 설계되었다.

이는 우리가 흔히 사용하는 압력밥솥과 같은 원리를 가지고 있다. 완전 밀폐된 압력밥솥에 밥을 하면 끓는점이 높아져 밥이 빠르게 잘 익지만 계속 그대로 두면 압력을 버티지 못해 폭발하고 만다. 그렇기 때문에 밥솥 안의 압력이 올라가면 수증기를 빼서 압력을 낮춘다. 이 원리를 적용해서 부탄가스통도 압력이 지나치게 올라갈 때 미세한 구멍을 통해 가스를 배출하게 해서 폭발을 방지할 수 있게 되었다.

"자. 바지 내리세요. 주사 맞으셔야죠."

"저기요. 제가 부끄럼을 많이 타서요. 다른 데 맞으면 안 될까요?"

"솔직하게 말하세요. 아플까 봐 그러죠? 어서 내리세욧!"

"예. 그럼……."

"어머나! 그렇게 많이 내리면 어떡해요. 부끄럼 많은 거 맞아요?"

엉덩이에 맞는 주사는 대부분 근육주사이며 팔에 맞는 주사는 피하주사나 근육주사이다. 근육에는 혈관이 풍부하기 때문에 피내주사나 피하주사에 비해 흡수 속도가 빠르다. 또 팔보다는 엉덩이 쪽이 근육이 많아 약의 흡수가 빠르다. 이 때문에 병원에서는 대개 엉덩이에 주사를 놓는 것이다.

주사의 경우는 대부분 약의 효과를 빠르게 하기 위해서 처방하거나 입으로 약을 먹으면 효과가 없을 때 처방한다.

주사는 약이 투입되는 위치에 따라 표피와 진피 사이에 소량을 주사하는 피내주사, 진피 아래 피하지방에 주사하는 피하주사, 팔이나 엉덩이의 근육에 놓는 근육주사, 그리고 혈관에 직접 주사하는 정맥주사, 동맥주사 등으로 구분한다.

학교나 보건소 등에서 단체로 예방접종을 할 때는 바지를 내려야 하는 민망함과 짧은 시간에 많은 주사를 놓아야 하기 때문에 팔에 놓는 방법을 쓴다. 그리고 주사를 맞을 때 힘을 빼라고 하는 이유는 근육이 단단하게 경직되면 주사 바늘을 꼽기가 어려워지기 때문이라고 한다.

"자판기에서 캔 음료 뽑아 마실래?"

"그래! 나 동전 많이 있어, 기다려~."

"그런데 자판기는 동전을 어떻게 구별하지?"

"글쎄~ 무슨 센서가 있는 게 아닐까?"

자판기는 어떻게 동전을 구별할까?

먼저 우리가 동전을 넣으면 동전 투입구에서부터 시작된다. 동전이 너무 넓거나 두껍거나 휘어진 것은 들어가지 않으며, 먼저 투입된 동전은 검사기에서 금속 함유량과 크기를 검사하게 된다. 동전에 전류를 흘려 일정한 크기의 전류가 흐르는지를 알아보는 것이다. 또한 금속 함유량에 따라 전류의 크기가 다르므로 적절한 양의 금속을 함유하고 있지 않은 동전은 전류의 세기에서 차이가 나므로 가짜 동전을 가려내고 가려진 동전은 제거기를 통해 밖으로 내보낸다. 500원과 100원은 구리와 니켈, 10원은 구리와 아연, 50원은 구리, 아연, 니켈이 일정한 비율로 섞여 만들어져 있어 전류를 흘리면 그 성분이 분석되어 동전이 가짜인지 진짜인지를 분류해낼 수 있는 것이다.

동전이 진짜임이 확인되면 동전의 크기와 무게에 따라 떨어지는 속도가 다른 점을 이용해서 얼마짜리 동전인지 알아내는 검사를 하게 된다. 동전은 자석의 양 극 사이를 통과하면서 속도가 느려지고, 이어 발광 다이오드가 배열돼 있는 공간을 지나면서 광센서에 의해 그 크기와 지나가는 속도가 측정된다. 동전의 종류마다 크기와 지나가는 속도가 다르기 때문에 동전이 얼마짜리인지를 식별할 수 있는 것이다.

자판기에는 잔돈을 지불하는 프로그램도 입력되어 있다. 동전이 검사 체제를 통과할 때 액면 가격이 식별되고, 동전이 종착점에 도달했을 때 내장된 튜브에 저장된 액면 가격이 낮은 동전더미로부터 알맞은 거스름돈을 내보내도록 하는 원리가 사용되고 있다. 이처럼 단순해 보이는 자판기에도 여러 가지의 과학적인 원리가 이용되고 있다는 것을 발견할 수 있다.

"오디오 새로 샀구나. 야! 멋진데."

"응. 이거 좋은 거야. 비싼 물건이라구."

"에이. 오디오 좋으면 뭘 해. 귀가 좋아야지. 근데 왜 스피커는 다들 저렇게 그물망으로 앞을 막아놓은 걸까?"

사람 귀로 들을 수 있는 음파 주파수는 20Hz에서 20,000Hz 사이다. 이를 가청주파수라고 하는데 이를 벗어나면 사람의 귀로는 들을 수가 없다. 물론 박쥐와 돌고래, 또 들을 수 있는 범위는 다르지만 개나 말들도 들을 수 있다고 한다.

우리는 공기의 진동으로 소리를 들을 수 있기 때문에 소리를 만들기 위해서는 공기를 울리게 해야 한다.

오디오에서는 코일과 붙어 있는 둥그런 얇은 막이 그런 역할을 한다. 오디오 광고를 보면 둥글게 생긴 막이 진동을 하는 모습을 보여주곤 하는데 바로 그 부분

이다.

그런데 그 막이 구부러지거나 찢어지거나 해서 손상되면 잡음이 생기거나 아예 소리가 나오지 않게 된다. 그래서 그 막을 보호하기 위해 보통 바깥에 망을 씌우는 것이다.

보통 흔히 볼 수 있는 둥근 스피커를 다이내믹 스피커라고 부른다. 그 내부를 보면 보통 영구자석(일반적으로 쓰이는 금속자석)과 코일로 이루어져 있다. 코일에 전기가 흐르면 코일이 자석 역할을 하는데, NN, SS처럼 같은 극은 밀고 NS는 당기는 성질을 이용하여 코일이 앞뒤로 움직이게 된다.

그리스인들은 기록을 하기 위해 금속이나 뼈 또는 상아를 왁스가 발라진 판과 함께 사용했다. 로마인들은 대나무 줄기를 잘라 펜촉 모양으로 만들고 줄기에 잉크를 부어서 사용했다. AD 700년부터 사용된 깃털로 만든 펜은 오랜 기간 동안 사용되었다. 하지만 잉크를 보충하거나 종이가 찢어지는 등의 불편함 때문에 대롱의 끝에 작은 볼(ball)을 장착한 볼펜이 만들어졌다. 그리고 잉크가 흘러내리지 않을 정도로 끈적거리게 만드는 데 성공함으로써 오늘날의 볼펜이 만들어지게 되었다.

볼펜은 펜 끝에 장착된 작은 공 모양의 금속(ball)이 종이와 마찰하면서 회전하고, 이 볼이 회전할 때 파이프에 들어 있는 유성 잉크를 흐르게 해서 종이 위에 묻히는 방식을 하고 있다. 그런데 흘러나온 유성 잉크가 종이에 묻지 않고 볼에 계속 붙어 있다가 한꺼번에 종이에 묻게 되는 것이 볼펜 똥이다. 이런 유성 잉크의 단점을 없애기 위해 끈적거리지 않는 수성 잉크를 사용하는 수성 펜이 개발되었다.

"터널 안은 어두운 것 같으면서도 보일 건 다 보인단 말이야."

"그러게. 혹시 저 오렌지색 등에 그 비밀이 있는 건 아닐까?"

빛의 파장은 보라, 파랑, 노랑, 오렌지, 빨강의 순으로 길다. 그리고 빛의 파장이 길면 다른 색에 비해 그 형체가 확실하게 보인다. 특히 맑은 날보다는 안개가 끼거나 아지랑이가 발생했을 때는 더욱 파장이 긴 쪽이 보다 멀리까지 보인다.

비슷한 예로 저녁 노을이 붉은색을 하는 이유도 태양의 빛이 수증기나 땅에서 오르는 먼지들을 통과하여 보이기 때문에 붉게 보이는 것이다. 쉽게 말하자면 방해물이 많을수록 파장이 긴 색이 보이는 것이다.

터널 속의 차들은 빠른 속도로 달린다. 그런데 터널은 어둡다. 그래서 터널 안에서도 보다 멀리 볼 수 있는 방법이 필요했다. 그래서 터널 안에 설치하는 조명을 오렌지색으로 한 것이다.

비누로 씻으면 왜 깨끗해질까?

후텁지근한 하루를 보낸 뒤 시원한 물에 비누로 땀을 닦아내면 기분이 산뜻해진다. 비누는 때를 닦아내고 병균을 죽이기 때문에 이제는 생활 필수품이다. 그런데 비누가 없던 옛날 사람들은 무엇으로 몸을 씻었을까?

옛날에는 식물을 태운 재를 비누로 사용하였으며 단오에 머리를 감던 창포도 많이 알려져 있다. 서양에서는 오래 전부터 식물로 비누를 만들었다고 한다.

식물이 비누 성분을 만드는 이유는, 곰팡이의 공격으로부터 자기 자신을 보호하기 위해서이다. 그 성분인 사포닌은 곰팡이의 세포막에 붙어서 분해함으로써 곰팡이의 침입을 막는다.

그런데 비누는 곰팡이뿐 아니라 식물 세포막도 손상시키는데 어떻게 식물이 자신의 세포를 보호하는지는 알려져 있지 않다. 아마도 특수 장소에 비누 성분을 저장해 두었다가 곰팡이가 공격하면 병균을 죽일 것으로 추측된다.

그런데 어떤 곰팡이는 세포와 세포 사이에만 자리를 잡아 자신에 대한 공격을 피하기도 하고 또 어떤 곰팡이는 사포닌을 분해하는 효

소를 만들어 비누의 독성을 없애버린다. 그럼 식물은 다시 이 곰팡이들을 없앨 수 있는 새로운 사포닌을 개발해 공격한다.

식물은 비누 성분이 되는 사포닌 이외에도 다른 여러 종류의 항생물질을 만들어 자신을 보호하기 때문에 환경이 좋지 않아도 꿋꿋하게 살아가고 있다.

보청기는 어떤 원리로 듣는 걸까?

보청기는 19세기 이전에 선원들이 멀리서 들리는 소리를 잘 듣기 위해 사용했던 것이 전기와 전화기의 발명과 함께 발전했다.

보청기는 소리를 전기 신호로 변환시키는 송화기(microphone), 전기신호의 진폭을 증가시키고 변조시키는 증폭기(amplifier), 증폭된 신호가 전달되어 다시 소리 신호로 바꿔주는 수화기(receiver)로 구성되어 있다. 그래서 작은 소리도 크게 들을 수 있는 것이다.

그리고 달팽이관과 청각신경의 이상인 감각신경성 난청보다 만성 중이염 등에 의한 전도성 난청일 때 보청기의 효과를 더 크게 볼 수 있다. 하지만 귀에 질병이 있을 때는 우선 병원을 찾아 치료를 하는 게 기본이다.

하지만 난청이 있는 경우에는 보청기도 소용이 없다. 난청은 대개 선천성 난청과 후천성 난청으로, 그리고 소리의 전달 과정에 문제가 있어 생기는 전음성 난청과 달팽이관과 같은 내이의 이상으로 생기는 감각신경성 난청이 있다.

난청의 경우에는 현재 인공 달팽이관 이식수술을 시행해서 청력을 되찾을 수 있다. 이 수술은 달팽이관 내에 전극을 넣고 무선으로 연결

168

되는 일종의 보청기를 귀 바퀴에 걸어 소리 에너지를 전기 에너지로 변화시켜 주는 것이다. 인공 달팽이관 수술을 받았다고 바로 들을 수 있는 것은 아니고 재활 훈련을 거쳐야 제대로 들을 수 있다.

골프공에는 왜 홈이 많이 있을까?

골프공이 그냥 매끈하게 둥글면 어떻게 될까?

사실 골프공은 홈이 없고 그냥 둥근 모양을 하고 있었다. 15세기에 골프가 시작되었을 때는 매끈한 가죽으로 만든 공에 깃털을 넣은 모양이었다. 그런데 공이 클럽에 맞으면서 홈이 생기자 더 멀리 날아간다는 것을 알게 되었고 그래서 홈이 파인 골프공이 만들어지기 시작했다.

이렇게 골프공에 홈이 파이고 여러 기술이 더해지면서 예전에는 65m 정도 날던 공이 275m까지 날아가는 새로운 역사가 시작되었다.

그런데 홈이 있다고 그렇게 많이 차이가 나는 걸까?

공이 날아갈 때 공의 앞쪽 표면에 얇은 공기층이 생긴다. 그리고 이 공기층은 공의 표면에서 떨어져 나가면서 위쪽에 작은 공기 소용돌이를 만든다. 이 소용돌이 때문에 날아가는 공의 속도가 느려진다. 그런데 공에 홈이 있을 때는 공기가 공 표면에서 떨어져 나갈 때 가느다란 공기 흐름이 생겨 공의 속도가 많이 느려지지 않는다.

또 골프공을 치면 위쪽으로 회전이 걸려 공기를 공 위쪽으로 감아올리면서 공의 아래쪽보다 흐름이 빨라진다. 즉, 공의 아래쪽보다 위쪽의 압력이 낮아져 보다 오랫동안 공중에 떠 있을 수 있다.

그 작고 이상하게 생긴 공 하나에 이런 과학이 숨어 있을 줄이야.

톱날은 왜 어긋나 있을까?

톱에 톱날만 있어서는 제 기능을 하지 못한다. 톱을 쓰자면 이를 하나는 왼쪽으로 벌려 놓고 하나는 가운데에 그대로 두고 하나는 오른쪽으로 벌려 놓아야 한다. 이와 같이 세 개의 날이 한 조를 이루어 연속 배열된 톱이라야 쓰기가 좋다.

만일 톱날을 좌우로 벌려놓지 않고 한 줄에 곧게 세운다면 톱 자리가 톱날 두께 만큼 되어 톱양이 나무에 꽉 집히면서 마찰력이 커지기 때문에 톱질하기 몹시 힘들 뿐만 아니라 제대로 베어지지도 않는다.

또 톱날과 나무 사이의 마찰력이 크면 톱날이 닳아서 끊어진다. 이를 벌려놓은 톱으로 나무를 베면 톱 자리가 넓기 때문에 켜기가 쉬울 뿐만 아니라 마찰이 적어 톱의 수명도 길어진다. 또 톱날의 경사각이 크고 톱양이 좁으면 곡선 톱질을 할 때도 힘을 덜 들이고 동그랗고 매끈하게 켤 수 있다.

"이야. 하늘 봐. 별이 한가득이네."

"어, 그런데 저기 봐. 별이 움직여. 비행기는 아닌 것 같은데, 소원이라도 빌어야 하는 걸까?"

"바보야. 저건 인공위성이란다."

"정말? 혹시 군사위성이면 우릴 감시하고 있는 건 아닐까?"

"허 참. 별 걱정을 다 하시네요."

인공위성의 궤도를 연구하는 과학자에 의하면 몇 천 개의 고장난 위성과 몇 만 개의 파편들이 지구의 궤도를 돌고 있다고 한다. 지금까지 쏘아 올린 인공위성들 중 지금도 제 역할을 하고 있는 것은 주로 최근에 쏘아 올린 것으로 전체 인공위성 중 약 25% 정도이다. 그리고 제 역할을 마친 인공위성들도 여전히 지구 궤도를 돌고 있는데, 통제가 되지 않기 때문에 때로는 조각조각 부서져서 파편만 남아 돌기도 한다. 또 일부는 궤도에서 이탈해 우주 미아가 되기도 하고, 또 때로는 대기권에 이끌려 먼지가 되어 사라지기도 한다. 이들은 자신의 임무를 충실히 마쳤으나 우주 개발에 많은 나라들이 참여하면서 우주 쓰레기로 전락하는 신세가 되었다. 또 새로운 인공위성이나 우주선

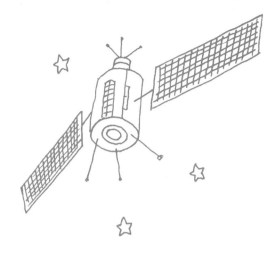

을 쏘아 올릴 때 오히려 방해물이 되기도 한다.

최초의 인공위성은 1957년 10월 소련에서 쏘아 올린 스푸트니크 1호다. 스푸트니크 1호는 96.2분만에 지구를 한 바퀴 돌았다. 그리고 같은 해 2호가 발사되었는데 이 인공위성에는 '라이카' 라는 이름을 가진 개가 타고 있었다.

이후 소련과 미국, 독일, 일본, 중국 등 수많은 나라들이 인공위성을 쏘아 올렸다. 우리 나라도 1992년 8월 11일, 프랑스의 아리안 로켓에 실려 발사된 최초의 과학위성 우리별 1호를 시작으로, 우리별 2·3호, 무궁화위성 1~5호, 아리랑 1·2호를 쏘아 올려 우주 역사를 써 가고 있다.

Why
진공청소기는 어떻게 먼지를 빨아들일까?

진공청소기는 1분에 1만 번 이상의 고속으로 팬을 회전시켜 호스 속의 공기를 밖으로 뽑아내서 내부를 진공에 가깝게 만든다. 이렇게 해서 청소기 내부의 압력이 줄어들면 외부의 공기 압력이 상대적으로 내부의 압력보다 높아지게 된다. 이 압력의 차이로 인해 바깥의 먼지와 공기가 청소기의 입구 쪽으로 밀려들어가게 되는 것이다. 때문에 실제로는 청소기가 먼지를 빨아들이는 힘을 가지고 있다거나 혹은 주위의 물체를 끌어당기는 힘을 가지고 있는 것은 아니다.

1906년에 생산된 최초의 청소기는 무게가 49kg이나 되어서 말이 끌어야 했다고 한다. 그리고 1913년에 스웨덴의 발명가 아그셀 웨나 크렐이 현대적인 형태의 진공청소기를 발명했다.

우리가 가장 많이 쓰는 필기구, 연필. 그런데 왜 종이에는 잘 써지는데, 표면이 매끄러운 유리 같은 곳에는 잘 써지지 않을까?

연필심은 흑연과 점토로 되어 있다. 연필로 종이에 글을 쓰거나 그림을 그리는 것은 연필심의 흑연을 종이에 묻어나게 하는 것이다. 이렇게 흑연을 뭔가에 묻어나게 하기 위해서는 마찰력이 필요하다. 마찰력이 클수록 연필심의 흑연이 더 많이 묻어나는 것은 이 때문이다. 즉 종이에 연필로 글씨를 쓸 수 있는 것은 흑연과 종이가 일으키는 일정한 마찰력에 의한 것이다

그런데 유리처럼 매끄러운 표면은 마찰력이 약해, 흑연이 묻어나기 어렵다. 그래서 글을 쓰기 어려운 것이다.

풍력기의 날개는 비행기의 프로펠러와 비슷하다. 앞부분의 아치형 쪽에서 뒷부분의 평평한 측면보다 공기가 더 빨리 흐르기 때문에 앞부분에서는 공기 소용돌이가 생기고 후방에서는 과중 압력이 만들어진다. 이 때문에 생긴 부력이 풍력기를 회전시킨다. 풍력기를 이용해 전력을 얻기 위해서는 2,500와트 발전기를 사용해 1분 동안 대략 700번 회전시켜야 하기 때문에 프로펠러가 최소 1분에 11번 이상의 회전을 전달해야만 한다. 또한 이런 시설을 작동하기 위해서는 시속 15km 이상의 바람이 필요한데, 이 풍력기 한 대는 대략 1,000가구에 전력을 공급할 수 있다고 한다.

오래된 풍차는 곡식을 빻거나 펌프질을 하는 정도의 기능만 하면 되었기 때문에 천천히 회전했고 날개도 대부분 네 개 이상이었다. 때문에 바람이 약한 곳에서도 사용하는 데 불편함이 없었지만 전력을 만드는 데는 부적당했다. 또 회전날개가 세 개인 것은 두 개일 때보다 소음이 적고 폭풍우에도 잘 견디기 때문이다. 날개가 네 개 이상인 경우에는 공기의 저항이 커지고 많은 양의 에너지가 필요해지며 세 개일 때보다 전체적인 효율이 떨어지기 때문에 사용되지 않고 있다.

"역시 전자레인지가 최고야! 빠르면서 타지도 않고 골고루 잘 익혀주잖아. 결정적으로 식어버린 피자도 잘 데워주고 말이야."

"편리하긴 하지. 하지만 숯불 위에서 지글지글 익혀 먹는 게 나는 더 좋던데. 노릇하게 익은 삼겹살을 상추에 싸서 된장 올리고 풋고추를 올리면……. 후룩~ 침 고인다."

"나도야 후루룩~. 그치만 역시 전자레인지가 편하긴 해."

전열기나 가스 등은 식품을 겉에서 가열하지만 전자레인지는 식품의 겉과 안이 함께 전파의 에너지로 직접 가열된다. 이때 사용되는 전파는 '마이크로웨이브'로 레이더나 전화의 중계 등에 사용되는 전파와 같은데, 주파수가 2,450MHz, 파장은 약 12Cm다.

그럼 마이크로웨이브로 음식을 익힐 수 있는 이유는?

식품은 대부분 전분이나 단백질 등 생물체의 구성물질로 되어 있다. 이 물질은 전기적으로는 유전체 즉 절연체이다. 따라서 두 장의 전극 사이에 유도체를 삽입하고 여기에 직류전류를 가해 전극 사이에 전계를 만들면 유전체의 분자는 양과 음의 전하를 가진 전기쌍극자가 된다. 여기에서 전압의 극성을 바꾸어 전계의 방향을 반대로 하

면 전기쌍극자의 방향도 바뀌어진다. 따라서 전극 간에 매우 빠른 속
도로 그 방향이 변화하는 전계를 가하면 쌍극자분자도 같은 속도로
반전하게 된다.

간단하게 다시 이야기하자면, 마이크로웨이브가 식품에 쪼여지면
마이크로웨이브의 진동전계에 의해 식품 속의 분자가 1초 동안 24억
5천만 회나 진동하여 마찰열이 발생하게 된다. 이 때문에 분자와 분
자 사이에 마찰열이 일어나서 음식이 익는 것이다.

그런데 금속 그릇이나 은박지 같은 금속으로 싼 음식을 집어넣을
경우에는 문제가 생긴다. 마이크로웨이브는 금속을 통과하지 못하고
자유전자에 흡수된다. 마이크로웨이브를 흡수한 자유전자는 들뜨게
되고 들뜬 원자가 원래 상태로 되돌아가면서 흡수했던 에너지를 내
보낸다. 그래서 불꽃이 일어나거나 소리가 난다.

자석은 두 개의 극인 N극(North-seeking pole)과 S극(South-seeking pole)으로 이루어져 있다. 이렇게 두 개의 극을 가진 자석을 쪼개면 그 쪼개진 조각들도 N극과 S극을 갖는 작은 자석이 된다. 아무리 잘게 잘라도 자석의 이 같은 성질은 변하지 않는다.

　자석이 물체를 밀치거나 당기는 힘을 자기력이라고 하며, 이 자기력이 영향을 미치는 공간을 자기장이라고 한다. 자석을 구성하는 원자 내의 전자의 운동이 전류를 만드는데 이 전류에 의해 자기장이 만들어진다. 이 자기장에 의해 같은 극끼리는 밀어내고, 반대극끼리는 잡아당기는 자석이 만들어진다.

　아직까지 하나의 극만을 갖는 자석은 발견되지 않았으며, 왜 자연에서는 이 양 극이 쌍으로만 존재하는지도 아직 밝혀지지 않았다. 이를 두고 과학자들은 자석에서 나오는 '자기력선은 중간에서 끊어지지 않는다' 라고 해석하고 있을 뿐이라고 한다.

잠수함의 부력을 조절하는 것은 잠수함 선체 양쪽에 있는 밸러스트 탱크이다. 밸러스트 탱크는 잠수함이 물 위에 떠 있을 때는 공기로 채워져 있고 물속으로 들어갈 때는 이 탱크에 바닷물을 채운다. 그러면 몸이 무거워져 가라앉게 되는데, 어느 정도 원하는 깊이까지 잠수를 했을 때까지 채워서 수심을 조절한다.

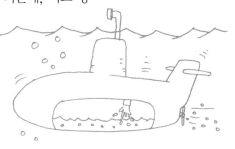

다시 떠오를 때는 내부에 저장해 두었던 압축공기로 밸러스트 탱크 안의 물을 밖으로 내보내서 무게를 가볍게 한다.

잠수함이 이렇게 가라앉고 뜨고 하는 것은 물에 대한 상대적인 밀도에 좌우되며 잠수함의 밀도가 물보다 작으면 뜨고, 크면 가라앉는다. 이 밀도를 밸러스트 탱크로 하는 것이다.

물 속의 잠수함은 프로펠러를 돌려 앞으로 나가고 잠수함 머리 앞쪽에 붙어 있는 수평날개를 움직여서 방향 전환을 한다.

Why

양초는 심지가 타는 것일까?

초의 모양을 만드는 것은 밀랍인데 이 밀랍은 파라핀으로 만들어지며 광유와 갈탄에서 얻어진 탄화수소 결합체이다. 하지만 이 파라핀에 불을 붙이면 녹아버리기만 하고 불이 붙지는 않는다. 초의 심지는 면실을 꼬아서 만들어졌으며 그 자체로는 너무 쉽게 타버린다. 때문에 양초가 제대로 불을 밝히기 위해서는 심지와 파라핀이 함께 있어야만 한다.

초가 불을 밝히며 타기 위해서는 열이 필요하다. 심지에 불을 붙여서 타기 시작하면 심지의 파라핀이 녹아 기화하기 시작하고 모세관 현상을 통해 아래쪽의 파라핀이 심지를 타고 올라간다. 초가 계속 타기 위해서는 산소가 필요한데, 불꽃의 바깥 부분에서 파라핀의 수소가 공기 중의 산소와 만나고 물이 증발한다. 이때 희미한 파란 불꽃이 생기며 불꽃 안쪽의 온도가 거의 1,100℃에 이르게 된다. 높은 온도로 인해 탄화수소 분자가 분리되고, 위로 올라가게 한다.

노란 색을 띠는 불꽃은 촛불의 중간 부분으로, 산소가 충분하게 공급되지 않아 탄화수소 분자가 완전 연소되지 못해서 탄소의 알갱이가 가열되어 빛을 내게 되는 것이다.

물은 고체에서 액체, 액체에서 기체라는 과정을 거치며 증발한다. 이처럼 대부분의 물질은 1기압인 대기압에서는 기체, 액체, 고체의 세 가지 상태로 존재한다. 그런데 이산화탄소처럼 고체에서 바로 기체로 변화하는 물질이 있다. 이렇게 고체에서 기체로 변하는 것을 승화라고 한다. 이산화탄소는 대기압이 1기압일 때는 기체 상태로만 존재하며 어떤 온도에서도 액체로 존재할 수 없다. 그래서 고체 이산화탄소를 대기 중에 두면 바로 기체로 승화된다. 이러한 특성 때문에 소화기에도 사용되는데, 이산화탄소는 공기보다 무거워서 불꽃으로부터 산소를 차단하고, 액체에서 기체로 변하면서 열을 빼앗기 때문에 불을 끄는 데 효과적이다. 소화기에서 발생되는 안개는 이산화탄소가 아니고 공기 중의 수증기가 응결된 작은 얼음 알갱이들이다.

드라이아이스는 −78.1℃에서 승화하는 낮은 온도의 물질이어서 직접 손으로 만진다거나 몸에 닿게 되면 갑작스런 동상에 걸리게 된다. 드라이아이스가 손이나 피부에 닿으면 주위의 열을 빼앗으면서 갑작스럽게 온도를 떨어뜨려서 조직 장애를 일으키며 동상을 일으킨다. 따라서 느낌에는 화상인 것 같지만 실제로는 동상에 걸리는 것이다.

비행기는 어떻게 하늘을 날까?

　비행기의 날개는 아래쪽은 평평하고 위쪽은 둥글다. 또 윗부분의 앞쪽은 두껍고 뒤쪽은 가늘다. 이 날개의 모양 때문에 비행기가 날아갈 때 날개 위쪽과 아래쪽을 타고 흐르는 공기의 속도가 달라져 아래쪽보다 위쪽이 훨씬 빠르다. 그래서 날개의 위쪽보다 아래쪽의 압력이 커져 아래쪽 공기가 날개를 밀어 올리기 때문에 비행기는 하늘을 날 수 있는 것이다.

　이 원리를 '베르누이의 원리' 라고 한다. 이 원리에 의하면 물이나 공기의 속도가 빠르면 압력이 낮아지고 물이나 공기의 속도가 느리면 압력이 높아진다.

　베르누이의 원리는 자동차를 타고 도로를 달릴 때도 경험할 수 있다. 커다란 차와 작은 차가 나란히 달리고 있다고 가정하자. 이때 두 차 사이의 공기의 압력은 바깥쪽보다 작다. 빠른 속도로 달리는 자동차가 주위의 공기를 끌고 가기 때문이다. 이때 작은 차에 타고 있는 사람은 자꾸만 큰 차를 향해 쏠리는 현상을 느낄 수 있다.

　바다에서도 마찬가지다. 두 배가 나란히 달리면 두 배 사이에는 바깥보다도 더 빠른 물결이 만들어지게 된다. 이렇게 물의 속도가 빠르

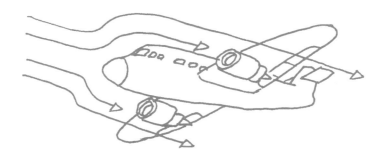

면 두 배 사이의 압력은 그만큼 적어지고 바깥에서 배에 끼치는 압력은 커지게 된다. 그래서 두 배는 서로 끌어당기는 것 같은 현상을 경험하게 된다. 큰 배와 작은 배가 이렇게 나란히 달리는 경우 자칫 사고가 날 수도 있고, 실제로 사고도 있었다고 한다.

커피의 어원은 이슬람어 'kaffa'에서 나왔으며 '힘'이라는 뜻을 가지고 있다. 커피를 마시면 잠이 오지 않고 몸이 개운해지는 느낌을 받게 되는데 이는 커피가 가지고 있는 각성효과 때문이다. 각성효과란 정신을 차릴 수 있게 해주는 효과를 말하는데, 커피 속에 들어 있는 카페인이 이 각성효과의 원인이다. 카페인은 교감신경 전달 과정에서 c-AMP(cycling AMP)라는 물질의 분해를 일으키는 효소의 작용을 억제해서 일시적으로 집중이 잘 되게 하고 피로감도 덜 느끼게 만든다. 하지만 너무 많이 섭취하게 되면 교감신경의 수용체가 흥분한 것처럼 심장이 두근거리거나 고혈압을 유발할 수도 있다. 또 불면증, 손 떨림, 신경과민 등의 증상도 유발할 수 있다.

일반적으로 권장되는 하루 카페인 섭취량은 체중(kg) 당 2.5mg 정도이다. 대략 몸무게 60kg인 경우 하루에 150mg 이상 섭취하는 것은 좋지 않다. 카페인은 커피에만 들어 있는 게 아니라 일반적인 탄산음료에도 함유되어 있어서 용량 220g의 탄산음료 3개를 마시면 96.4mg의 카페인을 섭취하게 된다. 또 찻잎, 코코아 열매를 포함한 약 100여 가지의 식물에도 자연산 카페인이 함유되어 있다.

전지는 충전지와 일반 건전지 모두 화학적인 산화 환원반응의 원리를 이용한다.

알칼리 건전지의 경우, (+)극은 이산화망간에 (−)극은 아연에 각각 연결되어 있고, 둘 다 전해액에 섞여 있다. 전지의 두 전극을 연결해 회로를 만들면 (−)극에 있는 아연은 전해액과 반응해 산화아연으로 바뀐다. 이때 아연 원자가 아연 이온으로 되면서 전자를 방출하고, 방출된 전자는 회로를 통해 흐른 후 전지의 (+)극으로 가서 이산화망간 속의 망간이온과 결합한다. 이렇게 전자가 움직여 가는 것이 전류의 흐름이다.

충전지는 일반 알칼리 건전지와 원리는 같지만 그 반응이 가역적이다. 그래서 충전지에서는 다 쓴 전지에 역방향의 전류를 걸어 주면 전류를 만들 때 일어났던 산화−환원 반응의 역반응이 일어나 전지의 내용물을 원래 상태로 되돌린다.

자동차 배터리로 쓰이는 납축전지는 과산화납과 금속납을 전극으로, 황산을 전해액으로 사용하는 충전지다. 납축전지에 회로를 연결하면 과산화납과 금속납이 모두 황산납으로 바뀌는 산화−환원 반응이 일어나면서 전류가 발생한다.

자동차가 달릴 때는 엔진이 발전기를 돌려 생긴 전류를 축전지에 보내, 산화–환원반응을 반대로 일으킴으로써 황산납을 원래의 과산화납과 금속납으로 바꾼다. 그러면 충전이 완료된다.

요즘은 현금을 들고 다니지 않아도 될 만큼 모든 것이 카드 한 장이면 대중교통뿐만 아니라, 쇼핑도 마음껏 즐길 수 있는 세상이 되었다. 특히 교통카드는 잔돈 계산에 신경 쓸 필요가 없으며, 귀찮게 지갑에서 꺼내지 않아도 그냥 지갑 채 갖다 대기만 하면 요금이 처리가 되므로 매우 편리할 뿐 아니라 핸드백 깊숙이 넣어 두고도 요금 처리가 가능할 정도로 편리하다. 그러면 어떻게 카드를 갖다 대기만 해도 카드를 인식하여 요금을 처리하는 것일까?

먼저 전자기 유도 전류의 원리를 알아야 한다. 한쪽 코일에서 전기를 흐르게 하면 떨어져 있는 한쪽 코일에도 전기가 흐르게 되는 원리를 유도전류라고 한다. 요금을 처리하는 교통카드 단말기에는 교류가 흐르고 있어 계속 변화하는 자기장이 발생한다. 여기에 교통카드를 갖다 대면 교통카드 내부의 전선에 유도전류가 흐른다. 교통카드에는 반도체칩, 즉 중앙처리장치가 내장된 IC칩과 연결된 전선이 모서리를 따라서 여러 번 감겨 있다. 이렇게 발생한 유도전류는 콘덴서에 모아지고, 반도체칩은 이렇게 모아진 전류를 이용해 작동하는 것이다. 즉 카드 단말기가 카드 안에 전기를 흘려보내서 메모리칩이 작동할 수 있도록 하는 것이다. 그리고 그 전류를 통해 메모리칩이 작동하면 메모리칩에 저장되어 있는 데이터를 유도 전류를 이용해 읽는 것이다.

이는 휴대전화와 기지국과의 통신 원리와 같다. 단말기가 끊임없이 '700원을 내라'는 전파를 보내면 이 전파를 교통카드가 받아서 카드에 충전된 금액에서 700원을 공제한 다음 '700원을 냈다'라는 전파를 다시 단말기로 보낸다. 만약 충전된 금액이 부족해서 카드가 '700원을 못 냈다'라는 전파를 보낼 경우 단말기는 문을 열어 주지 않는 등의 처리를 하게 된다.

이 기술은 제1차 세계대전 때 개발된 기술로, 적군 비행기와 아군 비행기를 구분하는 데 사용되었다. 아군 비행기에 최초의 교통카드라고 할 수 있는 장치를 설치하고, 지상의 미사일 기지에서 끊임없이 '우리 비행기인가?' 하는 전파를 보낸다. 이 전파에 '우리 비행기다' 하고 응답하는 비행기와 응답하지 않는 비행기로 적군과 아군을 구별할 수 있었다고 한다.

화재경보기는 불이 난 것을 어떻게 알까?

'때르르르르릉! 때르르르르르릉!'

"헉, 불 났나 봐. 어떡하지. 컴퓨터는 갖고 나가야 되는데…….'

"왜?"

"몰라. 그냥 컴퓨터가 제일 중요한 것 같아."

천장에 달려 있는 보통의 자동 화재 경보장치는 타고 있는 물체에서 나오는 연기의 입자를 감지해 경보를 울리도록 되어 있다.

광학식 탐지기는 연기가 빛을 차단하면 이에 반응하는 광 센서(광다이오드를 사용)가 연기를 탐지한다. 즉 광원에서 광 센서에 빛을 비추고 있다가 연기가 중간에 끼어들어 빛이 차단되면 센서가 이를 감지하는 것이다.

이온화식 연기 탐지기의 경우에는 약한 방사선이 기체를 이온화시키는 원리를 이용함으로써 작은 연기 입자까지도 탐지할 수 있다. 이온화식 탐지기는 전지의 양 극에 연결돼 있는 평행한 판 사이에 약한 방사선을 쪼이면 그 사이에 있는 기체가 이온화되면서 양이온과 음이온이 생겨 대전된 전극으로 끌려가기 때문에, 서로 떨어져 있는 판 사이에 전류가 흐르게 된다. 그런데 탐지기 속에 연기 입자가 들어오

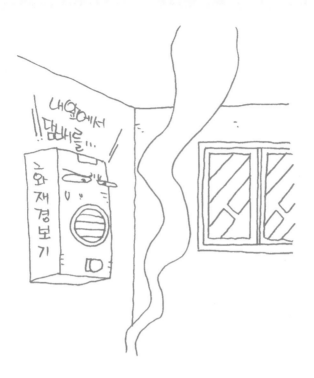

게 되면 그것이 이온들을 끌어당겨 전극으로 끌려가는 이온 수가 줄게 되고 따라서 흐르는 전류가 약해진다. 이런 현상을 집적회로가 감지해 경보를 울리게 된다.

그런데 가끔 이 탐지기들이 오작동을 해서 깜짝 깜짝 놀라게 할 때가 있다. 우선 내 집부터 자나 깨나 불조심이 최고다.

접착제는 어떻게 물체를 붙일까?

접착제의 종류로는 크게 두 가지가 있다. 하나는 물리적으로 응결되는 접착제이고, 다른 하나는 화학적으로 반응하는 접착제이다. 물리적으로 응결되는 접착제는 접착을 할 때 성분이 변하지 않는다. 수성 접착제와 같은 경우에는 용제가 증발하고 그 후에 남는 것은 긴 연쇄의 접착 분자로 분자 간의 내부 결합이 접착의 요인이 된다.

고형 접착제는 용제 없이 사용하며 고온의 액체 상태로 물체에 발라서 접착시키는데, 글루건이나 의류, 신발, 가방에 사용되는 본드 등이 있다. 화학적으로 반응하는 접착제는 접착 부위에 바른 후 침전된 습도에 반응하고 긴 분자로 결합된다. 접착 과정이 빠르고 접착 시간도 짧다.

일반적으로 접착을 하기 위해서는 넓고 거친 표면이 필요하다. 하지만 전문가들에 의해 거친 표면들이 갈고리같이 서로 붙잡는다는 생각은 사실이 아니며, 접착력을 좌우하는 것은 접착 표면의 넓이라고 밝혀졌다. 현재 상업용 접착제는 그 종류가 25만 개가 넘는다고 한다.

보온병은 듀어 병이라고 불리는데, 듀어라는 과학자가 발명했기 때문이다. 제임스 듀어는 스코틀랜드에서 태어난 영국의 과학자로 무연탄약을 만든 사람으로도 유명하다.

당시 영국의 여러 대학에 있는 연구실들은 액체 공기와 액체 가스를 보존하기 위한 방법을 찾기 위해 고민했다. 액체 공기와 액체 가스는 매우 낮은 온도에서 보관하지 않으면 순식간에 날아가 버리기 때문이었다. 그래서 병 안으로 외부의 뜨거운 공기가 안으로 들어가지 못하도록 유리로 이중의 벽을 만들고 그 벽들 사이의 공기를 뽑아 진공상태를 만들었다. 그래서 공기의 이동을 막을 수 있는 보온병이 탄생한 것이다.

그 뒤 독일의 한 기술자가 니켈로 보온병을 감쌀 수 있는 통을 만들어 보온병을 판매하기 시작했다. 그러나 당시에는 사람들로부터 인기를 끌지 못했는데, 손으로 직접 만들었기 때문에 값이 워낙 비쌌기 때문이고, 별로 필요성을 느끼지 못했기 때문이다.

그 후 탐험가들이 보온병의 필요성을 느끼고 사용하면서부터 사람들에게 알려져 이용되기 시작하였고, 본격적으로 널리 이용되기

시작한 것은 무거운 니켈 통 대신 플라스틱 통이 만들어지면서부터
이다.

집에서 놓고 쓰는 LPG도 비슷한 원리를 이용해서 만든 것이다.
LPG는 가스를 액체로 만든 것인데, 이와 같은 특수한 용기가 만들어
지지 않았다면 사용할 수 없었을 것이다.

시계는 사람들이 공동체에 살면서 이웃 간에 약속할 필요성 때문에 생겼을 것이다. 사람들은 해를 보고 살아가면서 해의 그림자를 보고 해를 이용해 시간이 흐른 정도를 표시하면 좋겠구나 라고 생각했을 것이다. 이런 생각이 실천으로 옮겨져 해시계를 만들었고 사람들은 해시계에 점점 익숙해졌다.

그런데 해시계와 시계 바늘이 오른쪽으로 돌아가는 것이 무슨 관계가 있을까?

해시계의 그림자는 해가 있는 방향과 반대 방향이다. 아침에 해가 동쪽으로 뜨면 그림자는 서쪽으로 길게 늘어져 있을 것이다. 해가 점점 높이 올라가 하늘의 가운데로 올 때쯤 되면 해는 약간 남쪽으로 기울어진다. 그러면 그림자는 북쪽으로 올라가고 다시 해가 서쪽으로 기울어 가면 그림자는 다시 동쪽으로 돌아간다. 따라서 그림자의 움직임을 정리해 보면 서쪽에서 북쪽을 거쳐 다시 동쪽으로 가게 된다. 이 방향을 머릿속에 그려보면 결국 그림자는 오른쪽 방향으로 움직인다는 것을 알 수 있다. 이렇게 해시계를 사용하던 사람들의 전통이 지금 모든 시계 바늘을 오른쪽으로 돌게 한 것이다.

로켓은 왜 날개가 없을까?

　로켓의 역사는 오래 되었다. 13세기 경 중국인들은 '화전' 이라는 병기를 발명했다. 대나무 통에 화약을 채워 불을 당기면 화약이 폭발하면서 가스가 분출하고, 가스가 분출하는 반대 방향으로 대나무 통이 날아가는데, 이것을 원시적인 형태의 로켓이라고 해도 괜찮을 것이다.

　로켓의 원리는 작용 반작용이라고 하는 뉴턴의 운동 법칙에 따른다. 로켓 속의 연료가 폭발하면서 로켓 뒤로 분사될 때 로켓은 반대 방향의 힘을 받아 나는 것이다. 따라서 주변에 공기가 필요 없을 뿐 아니라 오히려 공기가 있으면 저항을 받아 비행 속도가 느려지게 된

다. 공기가 없어도 되는 로켓에 날개를 다는 일은 의미가 없다. 그렇지만 지상에서 발사하는 로켓은 처음에는 공기 속을 날게 되는데, 이때는 공기의 저항에 따라 로켓의 진로가 흔들릴 수 있으므로 방향을 잡기 위해서 작은 핀을 부착시킨다.

로켓의 비행 방향을 조정하려면 폭발된 기체를 내뿜는 방향을 조절하면 된다. 인공위성을 쏘아 올릴 때는 우선 로켓의 추진력을 이용하여 지구 상공까지 올린 다음, 그 높이에서 원운동을 할 수 있도록 분사 방향을 조금씩 바꾸어 주면 된다.

　원자력 발전소에서 연료로 쓰고 난 뒤에 남는 방사성 폐기물에서는 인체에 치명적인 방사선이 나온다. 이 방사성 폐기물이 무해하게 될 때까지는 수천 년에서 수십만 년이 걸린다고 한다. 그리고 아직도 이를 해결할 방법을 찾아내지 못하고 있다.

　1986년, 구 소련 우크라이나 공화국의 체르노빌 원자력 발전소에서 커다란 사고가 일어났다. 이 사고는 인류가 원자력 발전을 시작한 지 32년만에 발생한 최악의 사고였다. 원자로를 식히는 냉각수관이 파괴되자 원자로 내부의 온도가 급격히 올라가 폭발했고, 건물이 산산조각 나면서 강력한 방사능을 내뿜기 시작했다.

　이 사고로 많은 사람들이 죽었고, 살아 남은 사람들도 암, 백혈병, 빈혈증, 만성비염, 후두염에 시달리고 있으며, 태어난 아기들도 기형아가 많았다. 뿐만 아니라 동식물에도 많은 기형이 일어났다.

　방사선 연구의 초기에 X선과 라듐을 연구하던 사람들은 방사능에 노출되어 치명적인 해를 입기도 했고 퀴리와 그 딸은 방사선 노출에 의한 백혈병으로 사망했다.

　지구상의 모든 생명체는 방사능과 우주선에 항상 노출된 채 살아가고 있다. 그런데 이제는 실험실에서 X선을 만들고, 땅속에 미량 포함된 라듐 같은 천연 방사성 물질을 인공적으로 농축시키는 등 그 연구가 진행될수록 오히려 위험은 점점 더 커지고 있다.

방사선은 노출되는 방법에 따라 몸에 직접 쬐는 체외 피폭과 방사능에 오염된 공기, 물, 음식물이 몸 안으로 들어오는 체내 피폭으로 나눌 수 있다. 방사선을 쪼이면 세포핵 속의 유전물질이나 유전자가 돌연변이를 일으키거나 파괴된다. 그래서 방사능에 노출되면 그 피해가 한 세대로 끝나지 않고 다음 세대까지도 계속된다.

방사선에는 알파선, 베타선, 감마선이 있다. 알파선은 헬륨의 원자핵으로 양전하를 띠며 투과력은 약하지만 원자 수준에서는 대포알 같은 위력이 있다. 베타선은 빠른 전자의 흐름인데 음전하를 띠며 투과력은 중간이다. 마지막으로 감마선은 전자기파의 일종으로 투과력이 가장 강해서 콘크리트 벽도 뚫을 정도이다.

핵무기는 역시 지구상에서 사라져야만 하지 않을까.

수돗물에서는 왜 냄새가 날까?

수돗물에서 냄새가 나는 이유는 염소 때문이다. 염소는 수영장이나 정수장에서 물을 소독하는 용도로 이용된다. 정수장에서는 침전과 여과 과정을 거치지만 여전히 세균이나 바이러스 등이 남아 있는데 이러한 미생물을 제거해서 안전하게 마실 수 있도록 하기 위해 염소를 사용한다. 그래서 이 염소 때문에 수돗물에서는 소독약 냄새가 나는 것이다.

염소가 이렇게 살균작용을 할 수 있는 것은 물에 녹아 하이포아염소산을 만들기 때문이다. 하이포아염소산은 강한 산화작용으로 물속에 있는 유기화합물을 산화시켜서 분해할 수 있기 때문에 수돗물의 정화에 이용된다. 염소는 가격이 저렴하고 적은 양으로도 살균력이 뛰어나기 때문에 각종 전염병을 예방하는 데 효율적인 수단이다.

하지만 염소는 피부 건조증이나 피부 가려움증을 일으킬 수 있으며 심하면 습진을 유발할 수도 있다. 또 각종 오염이 심해지면서 염소의 사용량도 증가되고 있다. 수돗물에서 나는 염소의 냄새를 없애려면 수돗물을 미리 받아 두었다가 사용하거나, 끓여서 사용하면 냄새도 없어지고 염소도 모두 사라지게 된다.

나무를 이용해 종이를 만들게 됨으로써 도서의 대량 유통이 가능해졌지만 양피지, 벨럼 가죽, 넝마로 만든 종이 등과는 달리 이렇게 펄프로 제조한 종이는 수명이 짧다.

요즘 이용되는 펄프로 만든 종이에는 표백과정에서 생기는 산(酸) 등 각종 화학물질이 함유되어 있다. 일반 독자에게는 큰 문제가 되지 않지만 오랫동안 책을 보관해야 하는 사람들에게는 심각한 문제다. 1850년 이후부터 출판된 도서들은 모두 서서히 손상되어가고 있기 때문이다.

그래서 이 도서들을 오래 보존할 수 있는 방법을 연구하고 있는데, 현재로서는 책장을 한장 한장 처리하여 산을 제거하는 방법을 쓰고 있다.

왜 압력솥은 밥이 빨리 될까?

압력밥솥은 솥 모양의 몸체와 돔형의 뚜껑으로 이루어져 있다. 몸통과 뚜껑 사이에는 고무로 만든 개스킷이 설치되어 압축된 공기가 새지 않도록 밀폐한다. 뚜껑 중심부에는 무거운 마개가 달린 배기 구멍이 있어 내부의 압력이 일정한 수준에 이르면 열리게 된다. 압력솥의 내부는 1㎤당 1kg의 압력을 받는데 이는 보통 기압의 두 배에 가깝다.

냄비의 물은 100℃에서 끓는다. 그래서 아무리 오래 끓여도 온도는 오르지 않고 수증기로 증발되어 버린다. 그러나 압력솥은 밀폐된 뚜껑이 있어 물이 끓을 때 생기는 수증기가 밥솥 내부에 모인다. 그리고 압력이 높아짐과 함께 물의 비등점도 높아진다. 따라서 조리하는 온도가 높아져 음식을 익히는 데 필요한 시간이 단축되는 것이다.

"야! 역시 외국 축구경기장은 그라운드 상태가 최상이야."

"맞아. 맞아. 정리 잘 된 잔디밭 좀 봐. 자로 재서 물감으로 칠해놓은 것처럼 멋지잖아."

축구경기장을 보면 잔디가 초록색과 연두색이 자로 잰 것처럼 멋진 줄무늬를 만들고 있다. 이렇게 색이 다른 것은 잔디를 깎을 때 깎는 방향을 반대로 하기 때문에 서로 다른 색깔로 보이는 것이다.

초록색으로 진하게 보이는 부분은 잔디가 앞으로 누워 있고, 연두색으로 보이는 부분은 잔디가 뒷쪽으로 젖혀져 있는 것이다. 이렇게 잔디를 깎을 때 잔디를 깎는 기계의 무게가 무거울수록 이 두 색깔의 차이는 많이 난다고 한다.

우리나라나 외국의 경우 축구경기장의 잔디 결은 대부분 줄무늬를 하고 있다. 이 줄무늬 모양의 경기장은 선이 분명하게 보이기 때문에 선수들의 위치를 잘 알 수 있어, 심판들의 오프사이드 판정이 쉬워진다.

외국의 경우에 간혹 바둑판 모양이나 동심원 모양으로 깎기도 하는데, 미국이나 남미의 축구 경기 중계에서 가끔 볼 수 있다.

　밤에 차도 중앙선에 사람이 서 있으면 엇갈려 달려오는 자동차 불빛 때문에 사람이 잘 보이지 않는다. 또 칠판에 쓰여 있는 글씨가 창문으로 들어오는 햇빛 때문에 보이지 않는 경우도 있다. 주변의 밝기에 따라 실체가 달라 보이는 사례다(명도대비). 명도는 흰색에서 검정색까지의 범위를 나누어 단계를 매긴 값이다. 그런데 같은 명도를 가진 회색이라도 주위의 명도가 다를 경우 실제 명도와 다르게 보인다. 색깔 역시 배경색에 따라 달라보인다(색채대비).

　이런 현상을 이해한다면 미술전람회에서 벽이 흰색으로 칠해진 이유를 짐작할 수 있을 것이다. 흰색은 명도가 가장 높은 무채색이다. 따라서 작품들의 색채는 보다 선명하게 드러나기 마련이다. 인상파 화가들은 윤곽선에 보색을 사용함으로써 색을 보다 더 생생하게 보이게 만들었다. 이 효과들은 망막에 있는 세포들이 '외측억제'라는 작용을 하기 때문에 발생한다. 외측억제란 한 세포가 반응할 때 그 옆에 있는 세포에 영향을 주는 현상을 말한다.

　예를 들어 검은색에 둘러싸인 회색 도형의 경우 망막세포의 일부는 회색을 바라보지만, 다른 일부는 배경으로부터 오는 파장을 인지

205

한다. 이때 배경을 보는 망막세포는 회색 도형을 보는 세포를 더욱 흥분시켜 도형은 더욱 뚜렷해 보인다. 반대로 흰색 배경을 바라보는 세포는 회색 도형을 보는 세포의 기능을 떨어뜨린다. 그래서 같은 회색이라도 상대적으로 흐려 보인다.

명도대비는 원추세포, 그리고 색채대비는 간상세포에서 다양한 외측억제가 발생하기 때문에 일어난다.

늦은 밤 출출할 때 가장 먼저 생각나는 음식, 라면. 다음날 아침에 어김없이 퉁퉁 부은 얼굴을 만들긴 하지만 그래도 라면은 참 끊기 어려운 맛있는 유혹이다. 우유 한 잔을 곁들이면 얼굴을 붓는 것도 막을 수 있다.

그런데 누구에게나 사랑받는 라면은 왜 꼬불꼬불한 모양을 하고 있을까? 꼬불거리지 않은 라면은 맛이 없는 걸까?

라면 한 개에 담긴 면발의 길이는 56m. 이 면발을 만들 때 튀김공정에서 빠른 시간에 충분한 양의 기름을 흡수해서 튀겨내야 하는데 이때 수분 증발을 도울 수 있는 공간이 필요하다. 그래서 직선보다는 곡선으로 만드는 게 유리하다. 또 라면을 끓일 때 꼬불꼬불한 면발 사이로 뜨거운 물이 골고루 들어가기 때문에 요리하는 시간도 짧아진다. 짧은 시간에 끓여낼 수 있는 비밀이 바로 이 면발에 있는 것이다.

그리고 라면의 면발은 구부러져 있어 외부의 충격에 쉽게 부러지지 않는다. 면발이 직선으로 되어 있는 국수와 비교를 해보면 알 수 있다. 그래서 보관하기에도 좋은 모양새이다.

그럼 이 구불구불한 면발을 어떻게 만드는 걸까? 방법은 의외로 간단하다. 면발이 실타래처럼 뽑혀져 나올 때 면발을 받는 컨베이어 벨트의 속도를 면이 뽑혀나오는 속도보다 느리게 하면 된다. 그럼 면발이 쌓일듯이 겹쳐질듯이 꼬불꼬불해지는 것이다.

하지만 무엇보다도 중요한 것은 역시 면발이 왠지 쫄깃쫄깃해보이기 때문이 아닐까? 얼큰한 국물과 쫄깃한 면발, 이 두 가지만으로도 참을 수 없는 식욕을 자극하는 것을 보면 라면은 참 대단한 발명품이다.

그렇다고 너무 많이 먹지는 말자. 그래도 역시 몸에 좋은 음식은 제철 자연식이다.

불꽃의 색깔은 어떻게 만들까?

불꽃놀이에 쓰이는 폭약은 몇 가지의 화합물을 뒤섞어 장엄한 효과를 내도록 만든 것이다. 폭음과 섬광을 내기 위해서 산화제와 연료(환원제)를 사용하는데, 산화제로는 과염소산칼륨($KClO_4$)을, 연료로는 알루미늄과 황의 혼합물을 사용한다.

과염소산칼륨이 연료를 산화시키면 발열 반응이 일어나 알루미늄에 의해 찬란한 섬광이 나오고, 급격한 기체의 팽창 때문에 강력한 폭음이 일어난다. 색 효과를 내기 위해서는 특정 색을 나타낼 수 있는 원소를 포함시킨다.

원자가 에너지를 흡수하면 원자의 전자들은 에너지가 높은 궤도함수로 올라간다. 이렇게 들뜬 원자는 특정 파장의 빛(흔히 가시광선에 있는)을 내면서 에너지를 방출한다. 전자를 들뜨게 하는 에너지는 산화제와 연료 사이의 반응에서 나온다.

불꽃놀이에서 나오는 노란색은 나트륨 이온에서 방출되는 빛에 의한 것이고 붉은색은 스트론튬염에서 방출되는 광선에 의한 것이다. 바륨염을 쓰면 초록색의 불꽃을 낸다.

그러나 깨끗한 푸른색의 불꽃은 실제로 얻기 힘들다. 한때 비소를

209

함유한 구리염인 녹색안료(Parisgreen)를 사용하기도 했지만 너무 독성이 크기 때문에 현재는 사용하지 않고 있다. 푸른 불꽃을 얻는 것은 아직 꿈으로 남아 있다.

초록색 가운에 초록색 마스크, 초록색 모자, 그리고 천장에서 비추는 강한 조명, 긴장된 표정들. 병원 수술실의 모습이다. 수술실 안에 있는 사람들은 이렇게 모두 초록색 가운을 입고 있는데, 그냥 자기가 좋아하는 색깔을 입으면 안 되는 걸까?

수술실의 밝은 조명 아래서 의사들은 오랫동안 환자의 피를 보면서 수술을 해야 한다. 그런데 이렇게 빨간색을 계속 보고 있으면 빨간색을 인식하는 원추세포가 피로해져서 하얀 곳을 바라보면 빨간색의 보색인 초록색의 잔상이 남아 있게 된다. 흰색 가운을 입으면 이 잔상이 의사의 집중력을 떨어뜨려 수술에 어려움을 겪기 때문에 아예 초록색 가운을 입는 것이다.

또 초록색은 사람들에게 편안한 느낌을 주기 때문에 수술 받으러 가는 환자의 마음을 조금이라도 편하게 해준다.

"엄마! 학교 다녀왔습니다."

"오냐! 그래. 아이고, 땀 냄새, 신발 냄새……. 도대체 얼마나 뛰고 놀았으면 이렇게 냄새가 나니?"

"예~ 친구들이랑 축구하느라고 땀이 많이 났어요."

"너는 빨리 가서 샤워해라. 엄마는 신발에 동전을 넣어야겠다."

"아니, 엄마! 신발에 왜 동전을 넣어요?"

"응. 동전이 신발 냄새를 없애 주기 때문이란다."

"정말? 진짜 신기하다."

정말 동전이 신발 냄새를 없애 줄까? 대체 동전 속에 무슨 성분이 있기에 이런 냄새를 없애 주는 것일까?

우리나라의 동전에는 구리가 포함되어 있다. 구리 속의 이온이 세균의 번식을 억제하면서 살균작용을 하기 때문에 신발 속의 냄새를 없애주는 역할을 하는 것이다.

10원짜리는 구리가 65%, 아연이 35% 들어가는 황동으로 만들어 졌고, 50원짜리는 구리와 아연, 니켈을 혼합해서 만들어졌으며, 100원짜리는 구리와 니켈을 합금하여 만든 백동으로 만들어졌다. 이 중에서도 10원짜리에 구리가 가장 많이 포함되어 있어 신발 냄새를 없애 주는 것이다. 물론 냄새가 완전히 없어지는 것은 아니다. 하지만 어느 정도 효과가 있는 것은 사실이다. 그래서 실제로 신발 속에 동전을 넣어 신고 다니는 사람들도 있다. 뿐만 아니라 동전은 냉장고 탈취에도 효과가 있는 것으로 알려져 있다. 경제 활동 뿐만 아니라, 냄새를 없애는 데도 효과가 있다고 하니 여러 모로 쓸모가 많은 동전이다.

또한 우리가 알아야 할 것은 신발 냄새와 발 냄새를 근본적으로 없애려면 외출에서 돌아오면 발을 깨끗하게 씻고 통풍을 시켜 주는 것이 무엇보다 중요하다. 발은 양말을 신고 있기 때문에 통풍이 잘 되지 않아 땀이 발생하면 박테리아가 기생할 수 있는 환경이 만들어져서 냄새가 심하게 날 수 있기 때문이다.

식당에 들어가 앉자마자 물컵과 물통이 나온다. 라면과 김밥을 주
문하고 컵에 물을 따라 두었는데 어! 컵이 살아서 움직인다. 도망치려
는 걸까? 얼른 컵 밑에 냅킨 한 장을 받친다. 잠시 후에 꼬들꼬들 입
맛 당기는 라면이 나온다. 어랏! 그런데 라면 그릇도 도망간다.

뭘까? 식당에 귀신이라도 있는 걸까? 아니다. 비밀은 바로 그릇 바
닥의 모양에 있다. 움직이는 그릇의 바닥에는 테두리가 있다는 공통
점이 있다.

자 왜 그럴까? 뜨거운 음식이 담긴 그릇을 테이블 위에 놓으면 바
닥의 테두리 안에 갇힌 공간이 만들어지고 온도가 올라간다. 이 뜨거
운 공기가 차가운 테이블 바닥에 닿으면서 물방울을 만든다. 그래서
테이블과 그릇 바닥 사이에 얇은 수막이 만들어진다. 그리고 공기층
이 점점 가열되면서 부피가 커지게 된다. 마치 그릇이 얇은 물의 막
위에 떠있는 것 같은 모양이 되는 것이다. 그러니 낮은 곳으로 미끄러
져가는 것이다.

보통은 뜨거운 물이나 국 같은 음식을 담았을 때 볼 수 있는 현상
인데, 처음 놓은 상태에서 옮기지 않으면 움직이지 않는다. 하지만 일

단 그릇을 옮기거나 하면서 움직이게 되면 물기가 없어지거나 바닥이 매끄럽지 않은 곳을 만날 때까지 낮은 곳을 찾아 움직이게 된다.

식당 테이블 위에 숨어 있는 과학, 냅킨 한 장 깔아주면서 자랑하자.

빛의 경우 광원이 다가오면 관측되는 진동수가 커지고, 멀어지면 관측되는 진동수가 작아진다. 이때 진동수가 커지는 것을 청색 이동, 진동수가 작아지는 것을 적색 이동이라고 한다. 이는 진동수가 큰 쪽은 청색 쪽으로, 진동수가 작은 쪽은 적색 쪽으로 빛의 스펙트럼이 나타나기 때문에 붙여진 이름이다. 이중 적색이동을 이용해 천문학자들은 별들의 후퇴 속도를 계산한다. 다가오는 자동차 경적 소리가 진동수가 증가해서 고음으로 들리고, 멀어질 때는 음파의 진동수가 줄어들어서 저음으로 들리는 것도 이와 같다. 이렇게 나타나는 현상을 도플러 현상이라고 한다.

스피드건은 레이더파의 도플러효과를 이용해서 달리는 자동차의 속도를 재는 기계이다. 레이더파는 전자기파의 일종이며 진동수가 빛보다는 작고 전파보다는 크다. 스피드건에는 안테나에서 발사될 때의 진동수와 자동차에 반사되어 돌아오는 진동수를 비교해서 속도를 알아내는 장치가 내장되어 있어서 손쉽게 자동차의 속도를 알아낼 수 있다. 현재는 투수가 던진 공의 구속을 재는 데도 사용되고 있다.

배에 걸린 깃발은 무슨 뜻일까?

　선박들은 대개 무전기를 갖추고 있다. 그래서 어떤 내용을 알리고 싶을 때는 무선기나 무전기로 내용을 전한다. 그러나 상황이 좋지 않을 때가 있다.

　무선기나 무전기가 고장났거나 무선이나 무전을 치기에는 번거로운 경우, 깃발을 돛대 위에 내걸어서 배에 지금 무슨 일이 있는지, 어떤 행동을 하려는지를 주위의 배들과 사람들에게 알리게 된다.

　깃발들은 색깔과 도형으로 알파벳을 표시한다. 아무 의미가 없어 보이지만 어떤 깃발이 펄럭이느냐에 따라서 전혀 다른 뜻이 된다.

　가장 많이 쓰이는 깃발은 배가 떠나는 중이라는 것을 알리는 깃발과 배가 정박중이라는 것을 알리는 깃발이다. 출범기는 푸른 바탕에 흰색의 정사각형 도형이 중앙에 그려진 깃발로 지금 항구를 떠나고 있다는 뜻을 담고 있다. 또 노란색 바탕에 전혀 무늬가 없는 깃발은 선박이 정박중이다라는 것을 뜻하는 깃발이다. 깃발의 의미는 다음과 같다.

　A- 속도를 내기가 어렵다.

B- 배에 폭발물이 실려 있다.

C- 그렇다. 좋다.

D- 어려움에 빠져 있다.

E- 오른쪽으로 방향을 바꾸고 있다.

F- 배가 고장났다.

K- 잠깐 멈춰달라.

L- 멈춰라. 당신과 얘기하고 싶다.

N- 싫다. 아니다.

P- 지금 항구를 떠나고 있다.

Q- 정박중이다.

R- 계속 멈춰 있다.

S- 후진중이다.

U- 당신은 위험하다.

V- 도와달라.

W- 의사를 보내달라.

Y- 우편물을 나르고 있다.

그런데 가끔 R과 Y 깃발이 함께 걸리는 경우가 있는데, 이것은 배 위에 폭동이 일어났다는 것을 뜻한다. R 깃발은 붉은색 바탕에 노란색 줄이 십자가처럼 쳐져 있으며 Y 깃발은 붉은색과 노란색 줄이 오른쪽 위에서 왼쪽으로 번갈아가며 그려져 있다.

토 · 막 · 상 · 식

잘못 알려진 상식 11

단 음식을 많이 먹으면 건강에 해롭다
영국 킹스 칼리지 식품영양학자들의 연구에 따르면 단것을 먹지 않는 아이들보다 단것을 많이 먹는 아이들이 더 건강하다고 한다. 단것을 많이 먹는 아이들이 평균적으로 편식하지 않고 기름기가 많은 음식을 적게 먹으며, 더 날씬하다. 단 음식이 아이들을 비만하고 병약하게 만든다는 주장은 바뀌어야 할 듯하다.

숲속에는 산소가 더 많다
공기 속의 산소 함유량은 21% 정도이다. 이 산소량은 도시에 있는 건물 안이나 숲속, 강가 모두 같다. 숲속이나 바닷가 등에서 숨쉬기가 더 자유로운 이유는 산소가 아니라 음이온이 많기 때문이다. 산소 음이온은 사람의 몸에 의해 쉽게 양이온 산소로 흡수되기 때문에 공기가 더 신선하게 느껴지는 것이다.

얼음의 표면은 매끄럽다
아주 매끄럽게 보이는 얼음의 표면도 사실 완전히 매끄럽지는 않다. 얼음 표면의 분자들끼리 서로 단단하게 붙잡고 있어 마찰이 생기기 때문이다. 그럼 얼음은 왜 매끄러울까? 그것은 얼음이 녹으면서 표면이 물로 변해 마찰이 줄어들기 때문이다.

어두운 곳에서 책을 보면 시력이 나빠진다

어두운 곳에서 글을 읽으면 눈이 피곤해지고 때로는 머리까지 아파지기도 한다. 하지만 눈 자체가 상하는 것은 아니다. 물론 자동차처럼 흔들리는 곳에서 글을 읽으면 눈동자의 초점을 흐리게 만들어 시력에 좋지 않은 영향을 준다.

사막에서는 탈수로 죽는 사람이 가장 많다

사막에서는 비가 드물지만 한번 오면 폭우가 쏟아진다. 1995년에는 단 한 번의 폭우로 사하라 사막에서 300명 이상이 익사했다. 사하라 사막에서는 지금까지 탈수로 죽은 사람보다 익사한 사람이 더 많다. 사막에서 물조심 이라니 참 아이러니하다.

1m는 정확히 1m다

1m는 빛이 진공상태에서 2억 9,979만 2,458분의 1초 동안 움직인 거리이다. 이 기준은 1983년부터 쓰이고 있다. 미터법은 1799년 프랑스에서 처음 실시되어 나폴레옹에 의해 유럽 여러 곳으로 전파되었다. 그때의 1m는 북극에서 적도까지의 거리를 1,000만으로 나눈 것이었다. 그런데 실제로 북극에서 적도까지의 거리는 1m의 1,000만 배가 아니라 1,000만 2,000배였다. 따라서 1m의 길이는 원래의 개념정의에 따른 길이보다 약간 더 짧았다.

만리장성은 달에서도 보인다

만리장성의 폭은 대략 10m 안팎이고 달과 지구의 거리는 약 30만 km이다. 달에서 만리장성을 보는 것은 1mm 두께의 실을 30km 떨어진 곳에서 보는 것과 같다. 우주비행사는 몇 백km 떨어진 우주선에서 만리장성의 그림자를 육안으로 볼 수 있다고 한다. 고성능 망원경 없이 육안으로는 달에서 만리장성이 보이지 않는다.

식물은 말을 못한다

식물은 볼 수도 들을 수도 없지만 그들만의 신호를 보내고 받는다. 어떤 식물은 위험의 신호로 알코올이나 산화질소 같은 휘발성 물질을 발산해 바람을 통해 주위의 식물들에게 알린다. 이 신호를 받은 주변의 나무들은 화학적 반응을 일으켜 자신을 보호하기 위한 물질을 만들어낸다. 아프리카의 아카시아 나무는 나뭇잎을 뜯어먹는 동물이 있을 때 서로에게 경고를 해준다. 이 경고를 받은 나무들은 유독성 타닌을 이파리에 생성시켜서 영양이나 기린 같은 동물들이 뜯어 먹지 못하게 한다.

생선을 먹으면 머리가 좋아진다

독일의 의학자이며 철학자인 뷔히너(1824~1899)는 연구를 통해 사람의 뇌에서 인을 발견하고 이 인이 사고력 촉매재라는 결론을 내렸다. 그리고 생선이 인을 함유하고 있어 많이 먹으면 두뇌회전이 빨라진다고 했다. 하지만 인은 생선뿐만 아니라 계란, 고기, 우유 등에도 충분히 들어 있다. 또한 필요량보다 많이 섭취해도 그만큼 두뇌회전이 빨라지지는 않는다.

100년 전쟁은 100년 동안 벌어진 전쟁이다

영국의 에드워드 3세는 프랑스 왕가의 대가 끊기자 비어 있는 프랑스 왕위의 계승자가 자신임을 주장하며 프랑스를 영국에 합병시켰다. 이로부터 시작된 영국과 프랑스 간의 전쟁은 1453년 영국이 물러감으로써 막을 내렸고, 영국은 운하의 섬들과 칼레를 차지하는 것으로 만족해야 했다. 100년 전쟁으로 불린 이 전쟁은 실제로는 1339년부터 1453년까지 치러진 114년 전쟁이었다.

회색 머리카락도 있다

갈색, 붉은색, 검은색, 흰색, 금발 등 머리카락의 색은 아주 다양하다. 하지만 회색 머리카락은 세상에 없다. 머리카락이 회색으로 보이는 것은 흰색 머리카락과 다른 색깔의 머리카락이 섞여서 그렇게 보일 뿐이다. 멀리서 볼 때는 회색이지만 가까이에서 보면 회색 머리카락은 한 올도 찾아 볼 수 없다.

chapter 4
지구와 우주

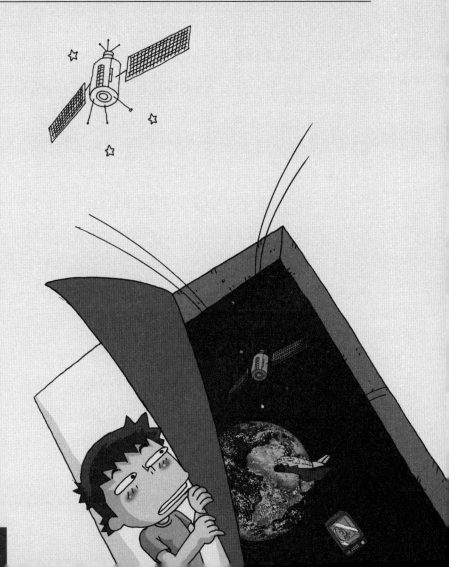

장마는 왜 올까?

"이상하네. 올해는 여름 내내 비가 오네."

"장마철 지나고 태풍 몇 개 오면 끝났는데. 이상해."

"그런데 장마철은 왜 생기는 거지?"

여름철에 우리나라에서 오랫동안 비를 내리거나 흐린 날씨가 계속되는 날씨를 장마라고 한다. 보통 장마는 6월 하순에 시작해서 7월 하순경이면 끝이 난다.

그러면 이런 장마가 생기는 이유를 알아보자.

고온다습한 북태평양 고기압은 겨울철에는 하와이까지 물러가 있다가 여름이 되면 세력이 확장되어서 6월 말이 되면 우리나라 남쪽에 그 모습을 보인다. 이 시기는 오호츠크 해 방면의 얼음들이 녹으면서 동해쪽으로 냉습한 해양성 기단인 오호츠크해 고기압이 뻗어 나오는 시기이기도 하다. 이 두 고기압은 온도차가 상당히 크기 때문에 만나는 경계면에 뚜렷한 전선이 생기게 된다.

그런데 이 북태평양 고기압의 고온다습한 남서기류와 티베트 고원지방으로부터 불어오는 북서기류 사이에 수증기의 이동통로인 수렴대가 만들어진다. 이 수렴대를 통로 삼아 전선의 경계가 더 뚜렷해

진다.

　이렇게 생긴 장마전선은 북태평양 기단이 강해져 북상하면 강한 남서기류의 유입으로 폭우가 쏟아지면서 찌는 듯한 무더위가 기승을 부린다. 반대로 오호츠크 해 기단의 힘이 강해져 전선이 남하하면 이슬비 같은 비가 내리고 기온도 약간 낮아진다.

　그런데 어느 한쪽이 힘이 많이 강해서 전선을 우리나라 위쪽이나 아래쪽으로 완전히 밀어내면 비가 오지 않고 여름다운 날씨를 보이게 된다. 그리고 불규칙하게 남북으로 장마전선이 움직이는 것은 '남북진동'이라고 한다.

　하지만 이렇게 기세 좋은 장마도 7월 초순이 되면 위쪽으로 올라가고 하순이 되면 한만 국경까지 올라가 사라지게 된다.

　그런데 이제 지구의 변화로 장마철이 아니라 동남아처럼 우기철이 될지도 모른다니 에효, 여름 내내 비만 보고 살아야 하는 건가!

스모그는 왜 생기는 걸까?

"와~! 신나는 여행 출발~!"

"하 하 하!"

"아빠! 근데 왜 세상이 뿌옇게 보이죠?"

"그건 스모그 현상 때문이란다."

"스모그가 뭔데요? 왜 생기는데요?"

모처럼 즐거운 가족 나들이인데 날씨가 화창해야 기분이 좋으련만 온 하늘이 뿌옇게 보이면 정말 기분 상한 나들이가 된다. 그렇다면 스모그는 왜 생기는 걸까?

스모그는 연기와 안개라는 용어가 합쳐져서 만들어진 말로, 안개와 공장이나 굴뚝에서 나오는 연기가 합쳐져서 하늘이 뿌옇게 보이는 현상을 말한다.

스모그는 런던 형과 LA 형 두 종류가 있다. 런던 형 스모그의 주요 원인은 공장의 매연, 가정 난방의 배기가스 등이고, 석탄의 연소를 통해서 대기로 유입되는 매연, 아황산가스, 일산화탄소 등이 안개와 합쳐지면서 만들어진다.

LA 형 스모그는 자동차의 배기가스 등에서 나오는 이산화질소와 탄화수소가 주요 원인이다. LA 형 스모그는 대기가 안정되어 있는 상태에서 자동차 배기가스가 축적되면서 강렬한 햇빛의 작용으로 강한 산성을 띤 물질이 생기는 현상이다. 이러한 현상이 로스엔젤리스에서 처음 관측되었기 때문에 LA 형 스모그라 한다.

스모그는 공기 오염물질의 혼합물로 건강에 해로우며 특히 심장과 폐에 악영향을 끼칠 수 있다. 또한 스모그가 도시나 공업지대에서 발생할 경우 시야가 나빠지고, 인체에 해를 끼친다. 우리나라의 경우 1960년대 말부터 1980년대 중반까지는 연탄을 많이 사용하여 런던형 스모그가 많이 발생했지만, 1980년대 말부터 석유를 사용하는 자동차의 수가 증가함으로 인해 LA 형 스모그가 많이 발생되고 있다.

스모그 현상이 발생하면 되도록 외출을 삼가고 외출을 할 때는 마스크를 사용하는 게 건강에 좋다.

신기루 현상은 왜 생길까?

영화를 보면 사막에서 길을 잃고 헤매는데, 뭔가 몽글몽글하게 나타난다. 오아시스다. 그런데 가도 가도 오아시스는 나타나지 않고 그 사람은 쓰러진다.

이렇게 아무것도 없는 곳에 뭔가가 있는 것처럼 보이는 것을 신기루 현상이라고 한다. 신기루는 지표 가까이의 공기의 온도 차이 때문에 빛이 굴절해서 생기는 현상이다.

사막이 태양열을 받아 뜨거워지면 공기 역시 위쪽의 공기보다 뜨거워진다. 뜨거운 공기는 차가운 공기에 비해 밀도가 낮다. 이 밀도 차이 때문에 빛이 찬 공기 쪽으로 굴절하게 된다. 지면 쪽의 공기로 빛이 많이 들어올수록 그 빛은 위쪽으로 휘어지게 되어 반대편의 물체가 지면에 있는 것처럼 보이는 것이다.

신기루 현상은 사막에서만 볼 수 있는 게 아니라, 우리 생활 속에서도 발견할 수 있다.

뜨거운 여름날 차를 타고 도로를 달리다 보면 갑자기 도로 위에 물이 있는 것처럼 보이는 것도 신기루 현상이다. 또 그릇에 물을 담고 막대기를 반쯤 넣고 세우면 연필이 휘어져 보이고 또 연필 끝이 실제

230

보다 가깝게 있는 것처럼 보이기도 한다.

　이것은 빛이 밀도가 서로 다른 매질을 통과할 때 생기는 광학적 현상이다. 대기 중에서도 이러한 광학적 현상이 일어나는 것이다.

"아빠! 오늘 산에 오르니 기분이 정말 상쾌하다!"

"그래. 이렇게 맑은 공기를 마시니 기분도 좋아지고 머리도 맑아지는구나!"

"아빠! 그런데 지구에 산소가 없으면 모든 생명들은 다 죽겠죠?"

"그럼! 그렇겠지?"

"근데 이렇게 많은 사람들이 산소를 마시는데 왜 없어지지 않는 거죠?"

정말 그럴 듯한 질문인 것 같다.

지구상의 모든 생명체들이 공기를 마시며 살아가고 있는데 산소는 왜 없어지지 않는 것일까? 도대체 지구에는 얼마나 많은 공기가 있을까? 또 공기는 어떻게 만들어지는 것일까?

산소에 관한 궁금증을 지금부터 알아보기로 하자.

우리 지구상에 가장 많은 원소는 바로 산소이다. 현재 공기 중의 산소의 함량은 21%이며, 석탄기 후기(약 3억 5,400만 년 전에서 2억 9,000만 년 전 사이) 동안에는 공기 중 산소의 함량이 31~35%였다고 한다. 지질시대로 보면 산소의 양이 변화를 하고 있지만 단기간 내에서는 변화가 아주 미미하다고 볼 수 있다. 그러니 산소가 없어지는 일은 너무 걱정하지 않아도 될 것 같다. 그러면 산소는 어떻게 만들어지는 것일까?

지구상의 산소는 우리가 항상 호흡할 수 있는 상태로 있는 것은 아니다. 예를 들면 물속에 있는 산소는 우리가 호흡할 수 없고 수중생물만 호흡할 수 있으며 지구상의 대부분의 암석도 산소로 되어 있지만 우리가 숨을 쉬는 데는 사용되지 못한다.

사람이 숨 쉬는 공기의 양은 지구상에 있는 식물의 광합성에 의해 거의 같은 양만큼 생산된다고 한다. 즉 인구가 늘어 호흡에 의한 산소 소비량이 늘고 이산화탄소의 양이 늘어나면 식물의 광합성률도 그 이산화탄소가 늘어난 만큼 증가하게 되는 것이다. 따라서 태양 광선이 계속 지구를 내리쬐고 그 광선에 의해 지상의 식물들이 광합성을 계속 하는 한, 공기는 계속 생산되며 공기 부족으로 인류가 멸망할 염려는 없다.

우리가 지구상에서 생명을 유지할 수 있는 것은 식물들이 광합성을 통해 스스로 영양분을 만들어 내며 그 영양분을 여러 과정을 통해 우리에게 주는 것이다. 우리는 여기에서 자연과 환경을 보존하는 것이 얼마나 중요한 일인지를 알 수 있다. 자연과 환경을 보존하는 것이 지구와 지구에 살고 있는 생명체들을 위해 얼마나 큰 일인지 깨닫게 되는 것이다.

Why

비가 내리는 속도는 어느 정도일까?

"하늘에 구멍이라도 난 거냐? 빗방울은 왜 저렇게 굵어."

"맞으면 아프겠다. 그런데 빗방울이 크면 더 빨리 내릴까?"

여름철 장맛비, 그중에서도 세차게 쏟아지는 장대비는 빗방울의 지름이 5mm 정도이다. 속도는 초속 907cm, 시속으로 하면 32.6km나 된다. 그리고 빗방울이 굵을수록 비 내리는 속도는 빨라진다.

빗방울의 크기가 지름 0.4mm 정도 되는 가랑비는 속도가 초속 162cm이며, 크기가 0.8mm 정도 되면 초속 327cm 정도의 속도로 비가 내린다.

사람 약 18~20 KM

빗방울
약시속 20~28KM

비가 얼마나 높은 곳에서 내리는가도 빗방울의 속도에 영향을 준다. 겨울에는 지상에서 약 2,000m, 여름에는 약 5,000m 상공에서 내린다. 여름철 천둥 번개를 동반하는 장대비가 가장 높은 곳에서 내리는 비다.

빗방울을 떨어지게 하는 것은 중력이고, 공기의 저항을 받게 된다. 이 저항력은 빗방울의 크기에 영향을 받는다. 또 공기에 의한 저항력은 속력이 빠르면 제곱에 비례하는 저항력을 받게 되는데, 저항력과 중력의 크기가 같아져 일정한 속도에 이르게 된다. 이 속도가 우리가 눈으로 볼 수 있는 빗방울이 내리는 속도이다.

참고로 여름 장마철 장대비의 경우 1초 동안 내리는 비의 무게는 대략 685톤에 달한다.

우주의 나이는 17세기에 성서를 토대로 계산된 나이만 있었을 뿐, 19세기까지도 과학적인 계산을 근거로 하여 나온 나이는 없었다. 성서의 기록을 토대로 한 우주의 나이는 약 6,000년이 되었고, 19세기 말에 이르러 사진, 망원경, 방사능 물질 등에 대한 지식에 힘입어서 우리가 밤에 보는 수많은 별들이 실제로는 우리 태양계 바깥에 있다는 사실과, 빛의 속도가 무한히 빠른 것이 아니라는 사실을 알게 되었을 때 처음으로 과학적인 방법을 사용하여 우주의 나이를 계산할 수 있게 되었다. 이 두 가지 사실을 토대로 하여 처음으로 우주의 나이가 적어도 천만 년은 넘을 것이라는 사실을 알게 된 것이다.

우주의 나이가 구체적인 과학적 관심사로 대두된 것은 1920년대 들어서 허블이라는 미국의 천문학자가 우주는 정지된 상태로 존재하는 것이 아니며 팽창하고 있다는 놀라운 사실을 발견한 후부터이다. 이때까지 우주는 영원히 존재하고 있었다는 것이 많은 과학자들의 생각이었는데. 허블이 발견한 사실은 다른 은하계에서 발생해 우리에게 도달한 빛의 스펙트럼이 실험실에서 발생된 빛의 무지개 같은 스펙트럼에 비하여 빨간색 쪽으로 치우쳐 있다는 것이었다.

이 현상은 멀어져 가는 기차의 기적 소리가 가까이 오고 있는 기차의 기적 소리보다 파장이 길어 더 저음으로 들리게 되는 도플러현상과 비슷하다. 우주의 팽창은 마치 고무풍선에 그려놓은 두 점이, 풍선을 불어 팽창시킬 때 멀어져 가는 것과 같다. 즉, 두 점은 고무풍선 표면에 원래 자리에 그대로 고정되어 있으나 풍선의 팽창으로 멀어져 가는 것이고 이 팽창은 모든 방향에 대하여 똑같이 일어난다. 현재 우주의 나이는 약 20~30억 년의 오차 한도 내에서 150억 년 정도로 추산하고 있다.

해일에는 지진 해일과 폭풍 해일이 있는데, 해수면의 높이가 갑자기 높아져 많은 양의 해수가 해안으로 밀려들어오는 현상을 말한다. 지진 해일은 쓰나미(Tsunami)라고 하는데 해저에서의 지진이나 화산 활동과 같은 지각 변동으로 해수면의 높이가 변하면서 발생한다. 주로 지각 변동이 활발한 태평양 연안에서 많이 발생하며 수천 km 떨어진 곳까지 전파되어서 해안 지역에 큰 피해를 준다. 지진 해일은 파장이 100~200km 정도로 매우 길기 때문에 큰 바다에서는 눈에 잘 띄지 않지만 해안에 가까워지면서 수심이 낮아지면 파장이 수 km로 짧아지고 대신 파도의 높이가 수십 m까지 높아지게 된다. 이렇게 해안으로 접근할수록 해수면이 급격히 높아지면서 해안가의 모든 것을 휩쓸어버리게 된다.

폭풍 해일은 열대성 저기압(태풍)과 같은 강한 저기압이 발생했을 때 동반되는 해일을 말하는데, 저기압이란 기압이 낮은 상태로 바다를 누르는 힘도 주변보다 약해져서 해수면의 높이가 높아지게 된다. 이렇게 상승한 해수면이 폭우와 강풍을 동반하면서 해안으로 밀려드는 것을 폭풍 해일이라고 한다.

"어이 친구. 달 좀 봐!"

"왜?"

"새빨갛게 불타고 있다. 찬란하게 하루를 마감하는 거다. 우리들의 오늘 하루처럼."

달빛은 햇빛을 반사한 것이다. 그래서 달의 색은 햇빛의 색과 같다. 그런데 개기월식 때나 해질녘, 대기 중의 먼지나 오염물질 때문에 붉게 보일 때가 있다. 왜 그럴까?

햇빛은 하얗게 보이지만 대기층을 지나는 동안 파란색이 산란되어 흩어지기 때문에, 하늘이 파란색으로 보인다. 그런데 햇빛이 공기를 더 많이 통과할수록 푸른색 계통의 빛이 더 많이 산란되어 흩어진다. 그래서 본래 포함하고 있던 파란색 빛을 잃어버리면서 점점 붉은 색을 띠게 된다. 지평선에 걸리는 붉은 저녁노을을 보면 쉽게 알 수 있다. 우리가 보는 달도 이와 마찬가지이다.

산란이란 빛이 어떤 입자에 부딪쳐 사방으로 흩어지는 현상이다. 레일리의 산란법칙에 의하면, 산란은 충돌한 입자의 크기(지름)가 빛의 파장 길이에 비해 훨씬 작을 때 잘 일어나며, 특히 파장이 짧을수록 잘 산란된다. 그런데 지구 대기의 대부분을 차지하는 질소와 산소 분자는 푸른색 빛의 파장 길이에 비해 크기가 훨씬 작다. 또 푸른색은 가시광선 중에서 파장이 짧은 편에 속한다. 따라서 지구 대기는 파란색을 매우 잘 산란시킨다. 그래서 하늘이 파랗게 보이는 것이다

개기월식일 때 달은 지구의 그림자에 들어간다. 이때 달까지 도착한 햇빛은 지구의 대기를 지나면서 파란색을 잃어버린 빛이다. 그래서 개기월식 때 달은 주홍색을 띠는 것이다.

또 달이 중천에 떠 있을 때에는 달빛이 통과하는 대기층의 두께가 얇아 산란이 덜

되기 때문에 여러 가지 색이 합쳐져서 흰색에 가까운 노란색으로 보인다. 하지만 달이 지평선에 가까워질수록 달빛이 통과하는 대기층이 길어져 산란이 많이 일어나 달이 붉게 보인다. 대기 중의 먼지나 오염 물질 때문에 푸른빛이 산란되어 붉게 보이는 때도 있다.

아주 드문 경우이지만 산불이나 화산 폭발에서 나오는 오염 물질은 푸른색 계통의 빛과 함께 붉은 계통의 빛마저 산란되어, 이럴 때는 달이 푸르스름하게 보일 수도 있다.

불을 끄는 방법으로는 온도를 인화점 아래로 낮추는 방법, 연소하는 물질을 없애는 방법, 산소 공급을 차단하는 방법이 있다. 소화기는 이러한 불을 끄는 방법을 이용한 것이다. 그중에서도 물은 안전하고 구하기 쉬워서 오래 전부터 사용되었다.

보통 나무의 인화점은 대략 300℃ 정도이다. 그래서 나무에 불이 붙기 위해서는 높은 열에너지가 필요하다. 또 나무의 가연성 기체가 공기 중의 산소와 반응하면서 불이 붙게 된다. 때문에 나무가 계속 타기 위해서는 계속해서 에너지와 산소가 필요하다.

타고 있는 나무에 물을 뿌리면 물방울이 나무의 표면에서 소화된 기체를 만나 증발시킨다. 이렇게 증발하는 과정에서 점차 나무의 열을 빼앗아서 주변의 온도를 낮추게 되고, 나무의 온도가 인화점보다 낮아지면서 점차 불이 꺼지게 된다. 물을 증발시키기 위해서는 많은 에너지가 필요한데, 물이 증발하면서 불로부터 에너지를 빼앗아 불 타고 있는 나무를 인화점 아래로 낮추게 되는 것이다.

하지만 기름이나 화학물질에 불이 났을 때 물을 부으면 더 위험해질 수 있다.

"언제부터였더라. 갑자기 태풍 이름이 이상해졌어."

"맞아. 우리말 이름이던데."

"그런데 태풍 이름은 누가, 어떻게 짓는 걸까?"

태풍에 이름을 붙이기 시작한 것은 1953년부터이다. 태풍에 처음으로 이름을 붙이기 시작한 사람들은 호주의 예보관들이었다. 당시 호주의 예보관들은 자신이 싫어하는 정치인들의 이름을 태풍에 붙여 예보를 했다고 한다.

그리고 제2차 세계대전 후, 미국 공군과 해군에서 공식적으로 태풍 이름을 붙이기 시작했는데 이때는 예보관들의 아내나 또는 애인의 이름을 사용했다고 한다. 그래서 이런 전통(?)에 따라 1978년까지는 태풍 이름이 여성이었다. 이후 1999년까지 북서태평양의 태풍 이름은 괌의 미국 태풍합동경보센터에서 정한 이름을 사용했다. 물론 남성 이름도 함께.

2000년부터는 아시아태풍위원회에서 아시아 각국 국민들의 태풍에 대한 관심을 높이고 태풍 경계를 강화하기 위해서 아시아 지역 14개국의 고유한 이름을 사용하고 있다.

태풍 이름은 각 국가별로 10개씩 제출한 총 140개가 각 조 28개씩 5개조로 구성되고, 1조부터 5조까지 순차적으로 사용한다. 140개를 모두 사용하고 나면 이 중 심각한 피해를 준 태풍 이름은 명단에서 삭제하고 다른 이름들을 번갈아 사용한다.

태풍이 한 해에 보통 30여 개쯤 발생하므로 전체 이름을 다 사용하려면 약 4~5년이 소요된다.

우리나라에서는 '개미', '나리', '장미', '수달', '노루', '제비', '너구리', '고니', '메기', '나비' 등의 이름을 제출했고, 북한에서도 '기러기' 등 10개의 이름을 제출했다.

평소에는 느끼지 못하지만 지구의 대기압은 우리의 몸을 1기압으로 누르고 있다. 1기압이란 1m²를 약 1톤의 무게로 누르는 힘과 같다. 마찬가지로 우리의 몸 안에서도 1기압으로 바깥으로 밀어내고 있기 때문에 아무런 불편을 느끼지 못한다.

하지만 5.5km 정도의 해발 고도에서는 공기 밀도가 절반 정도로 약해지고 12km가 넘으면 공기가 매우 희박해져서 공기의 압력이 매우 낮아진다. 그리고 20km 정도의 고도가 되면 대기압이 너무 낮아서 세포에 기포가 생기고 혈액이 끓어오르는 것처럼 보이게 된다. 사실 2,500m 정도만 되어도 고산병에 시달리게 된다. 반대로 압력이 너무 높은 물 속에서 급하게 물 밖으로 나오게 되면 잠수병에 걸릴 수 있다.

대기압은 고도가 높아질수록 점점 낮아져 우주에서는 거의 0에 이르게 된다. 하지만 우리의 몸 안에서는 여전히 1기압의 힘으로 대기를 밀어내고 있다. 때문에 맨몸으로 우주에 나간다는 것은 마치 거대한 진공청소기로 온몸을 빨아들이는 것과 같은 형태가 된다. 진공청소기는 내부의 압력을 지구 대기압의 2/3 정도로 만들어서 바깥의 먼지를 빨아들이는 원리로 만들어져 있다.

우주복 내부는 0.3기압 정도로 압력이 맞추어져 있고 100% 산소로 채워져 있다. 또 우주에서는 태양빛이 닿은 곳과 그렇지 않은 곳의 온도 차이가 하루의 일교차보다 크고 극단적인 온도 변화를 일으키기 때문에 이를 보호하도록 만들어져 있다.

"오! 저건 코끼리 모양, 저건 마우스 모양, 저건 거북이 모양."

"하늘이 파래서 그런가. 구름이 더 하얗게 보이네."

"어쨌든 눈이 참 시원해서 좋다."

우리가 색을 볼 수 있는 이유는 가시광선 영역의 파장 때문이다. 보통 흰색으로 보이는 것은 모든 파장의 가시광선이 반사되기 때문이다. 구름이 하얀색으로 보이는 이유도 이 때문이다.

그런데 먹구름은 검정색을 띠고 있다. 같은 수증기로 이루어졌는데 왜 검정색으로 보일까?

구름이 두꺼우면 구름의 아랫부분은 빛이 반사되는 양이 적기 때문에 검정색으로 보이게 되는 것이다.

모든 물체의 색은 먼저 광원에 의해서 결정된다. 똑같은 구름에 백열등을 비추면 붉은 색을 띠게 된다.

물방울이 둥근 것은 물의 표면에서 작용하는 표면장력 때문이다. 표면장력이란, 액체와 기체 혹은 액체와 고체 등 서로 다른 상태의 물질이 맞닿아 있을 때 그 경계면에 생기는 면적을 최소화하도록 작용하는 힘을 말한다.

표면장력이 생기는 이유는 표면에서의 액체분자의 분포가 액체 내부의 그것과 다르기 때문이다. 액체 내부에 있는 분자는 그것을 사방에서 둘러싸고 있는 다른 분자들로부터 동시에 인력을 받는다.

그러나 경계면에서는 한쪽은 액체이지만, 다른 한쪽은 공기이므로 분자들이 한쪽에만 몰려 있고 분자의 수도 절반 밖에 되지 않는다. 이 때문에 표면에 있는 분자들은 공기와 닿는 표면적을 최소화하려는 배치를 취하려 한다.

물방울이나 비누거품에서도 기체에 접해 있는 액체 표면에서 액체가 같은 부피를 유지하면서 겉넓이가 최대한 작게 되도록 표면장력이 작용한다. 구는 정육면체나 직육면체 등 각이 진 모양보다 표면적이 적으므로 물방울이나 비누거품이 둥근 형태를 취하는 것이다.

겨울이면 우리나라에도 많은 눈이 내리는 것을 보게 된다. 그런데 눈은 어떻게 하여 내리게 되는 것일까? 하늘에 떠 있는 구름은 기온이 매우 낮을 경우, 구름 속에 함유된 수분은 비의 상태로 지표면으로 떨어지는 것이 아니라 가벼운 눈송이가 되어 떨어지게 된다. 그리고 이러한 현상이 일어나는 원인은 구름의 수분이 다음과 같은 방식으로 움직이기 때문이다.

매우 낮은 기온에서는 구름의 물방울이 초저온 상태가 되며, 이것은 빙점 이하의 기온에도 불구하고 물방울들이 액체 상태를 유지한다는 것을 의미하게 된다. 특정한 조건이 갖추어지면 초저온 상태의 물방울이 증발하고 그 수증기가 얼게 되어 미세한 얼음의 결정이 된다. 이 결정에 더 많은 수증기가 얼어붙음으로써 점차 커져 눈송이를 이루게 된다는 것이다.

그렇다면 눈송이의 모양은 왜 각기 다른 것일까? 눈송이의 모양은 대기의 기온과 수분의 양에 따라 달라지게 된다. 그리고 눈이 오면 주위가 조용하게 느껴지는 이유는 눈송이의 약 90%가 공기로 이루어져 있는데 이로 인해 눈이 매우 뛰어난 절연효과 및 방음기능을 발휘

할 수 있게 만들어 주기 때문이다.

눈과 관련하여 어느 정도의 눈의 양이 비의 양과 같을까? 10cm의 적설량은 1cm의 강우량과 수분 함량이 같다. 눈은 많은 지역에서 담수의 원천이 되고 있을 정도로 자연의 귀중한 선물이다.

1600년대에 몇몇 천문학자들이 지구가 자전한다고 주장할 때, 이런 반론이 있었다.

'만일 지구가 돌고 있다면 땅에서 뛰어 오른 사람은 뛰었던 자리에서 조금 떨어진 곳에 착지해야 마땅하다. 그런데 그렇지 않은 걸 보니 지구는 돌지 않는 것이 분명하다'

그러면 이러한 현상을 어떻게 설명할 수 있을까?

달리는 자동차 안에서 공을 던지면 자동차의 움직임이 영향을 미쳐서 공이 던지고자 하던 방향과 다른 방향으로 날아갈까? 또 바로 위 공중으로 던져 올렸을 때 손으로 떨어지지 않고 다른 곳에 떨어질까?

공은 던진 방향으로 정확히 날아간다. 허공으로 띄웠던 공은 다시 손으로 내려 앉는다. 그것은 자동차 안의 모든 것이 자동차의 속도로 함께 움직이기 때문이다.

지구는 적도를 기준으로 할 때 시속 약 1,600㎞의 속도로 자전하고 있다. 그리고 지구 위의 모든 존재는 버스 안의 승객들과 마찬가지로 지구의 속도로 움직이고 있다.

만약 그렇지 않다면 어떤 일이 벌어질까? 지구의 위의 세상은 지금과는 완전히 다른 모습을 하고 있지 않을까? 좋아하는 월드컵도 없어지고…….

물이 수증기로 변하기 위해서는 열에너지가 공급되어야 한다. 열에너지가 가해지면 물 입자가 서로 충돌하기 시작하고, 각각의 H_2O 분자가 기체로 변한다. 열에너지가 많이 공급될수록 물은 더 빨리 수증기로 변하며, 물의 전체 온도가 100℃가 되면 끓는점에 도달하게 된다. 물이 끓는점에 도달하면 용기에 기포가 생기고 수면이 부글거리며 끓게 된다. 끓는점부터 물의 온도는 일정하게 유지되고 이후에 공급되는 열에너지는 물을 기체 상태로 변화시키는 데 이용된다.

액체의 끓는점은 압력에 영향을 받으며 가해지는 압력이 낮아지면 끓는점도 낮아진다. 그래서 1,915m인 한라산에서는 95℃ 정도에서 끓게 되고, 백두산에서는 90℃ 정도에서 끓으며, 8,848m인 에베레스트 산에서는 70℃가 되면 끓기 시작한다. 집에서 사용하는 압력밥솥의 내부는 주변보다 높은 압력이 만들어져서 끓는점이 120℃까지 올라가며, 음식이 익는 시간 또한 1/3 정도 줄어든다.

끓는 것과 증발은 분자의 열운동을 통해 기체가 발생한다는 점에서는 같지만, 증발은 액체의 표면에서만 일어난다는 점과 더 낮은 온도에서도 일어난다는 점이 다르다

왜 눈이 오면 염화칼슘을 뿌릴까?

염화칼슘은 습기를 흡수하는 성질이 강해 눈 위에 뿌리면 주위의 습기를 흡수해서 스스로 녹기 시작한다. 눈에 뿌려진 염화칼슘은 눈 속에 들어 있던 수분을 흡수해서 녹이는 것이다.

염화칼슘이 습기를 흡수하면 왜 눈이 녹게 되는 것일까?

습기를 흡수한 염화칼슘은 수분을 흡수해 녹으면서 열을 낸다. 이 열이 주위의 눈을 녹이고 그러면서 또 열을 내고 하는 과정을 계속 반복함으로써 추운 겨울에 얼어붙은 눈길을 녹이는 것이다. 또 염화칼슘이 물에 녹으면 그 물은 다시 얼기 어렵다. 무려 영하 55℃가 되어야만 다시 얼 수 있다.

이러한 이유 때문에 겨울철 빙판길을 녹일 때 염화칼슘을 뿌리는 것이다.

염화칼슘은 습기를 흡수하기 때문에 제습제로 많이 이용되고 있다. 시중에서 판매되는 제습제 통을 보면 '편

상 염화칼슘'이라고 쓰여 있는 것을 볼 수 있다. 편상 염화칼슘이란 염화칼슘 조각이라는 뜻이다. 염화칼슘은 흰색 고체로 장마철처럼 습도가 높을 때는 자신의 무게의 14배 이상의 물을 흡수할 수 있다. 그리고 습도가 60%일 때는 자체 무게만큼의 물을 흡수할 수 있다.

그래서 효과 좋은 제습제로 이용되고 있다.

환경호르몬이 뭘까?

　환경호르몬이란 동물이나 사람의 몸속에 들어가서 호르몬의 작용을 방해하거나 혼란시키는 물질을 총칭하는 말이다. 학술용어로는 '내분비계 교란물질(endocrine disrupter)' 이라고 한다.

　환경호르몬이라는 이름이 붙은 이유는 몸속에서 마치 천연 호르몬인 것처럼 작용하는 경우가 많기 때문이다. 이를 '모방(mimic)' 이라고 하는데, 이러한 가짜 호르몬은 진짜 호르몬인 것처럼 행세하면서 몸속 세포물질과 결합해 비정상적인 생리작용을 하게 된다.

　이 과정에서 진짜 호르몬이 할 수 있는 역할공간을 가짜 호르몬이 완전히 빼앗아 버리는 경우도 있는데, 이를 '봉쇄(blocking)' 라고 한다. 현재 알려진 대부분의 환경호르몬은 '모방' 또는 '봉쇄' 의 두 가지 작용을 하고 있다.

　반면 컵라면 용기에서 용출되는 스티렌다이머나 스티렌트리머 등은 내분비선에서의 호르몬 합성과 체내 세포까지의 호르몬 운반과정을 교란시키는 물질로 알려져 있다. 환경호르몬으로 인한 부작용으로는 생식기능의 이상, 성비균형의 파괴, 호르몬 분비의 불균형, 면역기능 저해, 유방암, 전립선암 등의 증가 등을 들 수 있다.

안개와 구름은 모두 대기 중에 물방울이 떠 있는 상태를 말한다. 안개가 만들어지기 위해서는 무엇보다도 수증기의 공급이 이루어져야 하고, 또 응결이 이루어지기 위해서는 낮은 온도가 필요하기 때문에 기온도 중요하다. 냉각에 의한 복사 안개는 온도가 가장 낮은 때인 해가 뜨기 바로 직전에 가장 진하게 나타나는데, 바람이 없고 일교차가 크고 맑은 날의 낮 동안 수증기가 많아졌다가 저녁이 되어서 기온은 낮아지면 수증기의 응결이 시작된다. 대기 중의 수증기가 많을수록 더 강하게 나타나기 때문에 주변에 강이나 호수, 바다가 있는 곳에서 더 자주 발생하고 안개도 더 진하다.

　수증기 공급에 의한 안개는 물안개라고도 불리며 저수지나 호수가 있는 곳에서 자주 발생한다. 기온이 높을수록 더 많은 수증기를 포함하려는 성질을 가지고 있는데, 저녁에는 물의 온도가 땅에 비해서 높기 때문에, 차가운 땅 위에 있던 공기가 물 위를 지나면서 급속하게 증발량이 많아지게 된다. 이렇게 수증기가 공급량이 많아지면서 응결이 일어나 안개가 발생하게 되는 것이다.

얼음에 손을 대면 왜 달라붙을까?

"너 뭐 하냐?"

"......."

"흐흐흐. 혀가 얼음에 붙었네. 어쩌다가 그랬어?"

냉장고 냉동실 온도는 매우 낮기 때문에 냉동실에서 꺼낸 얼음이나 그릇은 영하 수십 도에 이르기도 한다. 그래서 이 얼음과 그릇 등에 물기가 있는 물체를 닿게 하면 급격히 온도가 같이 떨어지면서 얼어 붙어버린다. 그래서 냉동실 안에서 꺼낸 물건에 혀나 손이 달라붙는 것이다. 하지만 조금 지나면 체온에 의해 다시 녹아 떨어지기 때문에 걱정하지 않아도 된다.

아이스 바를 꺼내어 봉지를 열면 순간적으로 하얗게 얼음이 어는데, 이것은 공기 중의 수증기 입자가 표면에서 얼어버린 것이다.

바람은 어떻게 생기는 걸까?

"와~ 신나는 봄 소풍이다!"

"그런데 오빠! 바람이 이렇게 많이 부는데 소풍 갈 수 있을까?"

"바람 불어도 소풍은 가야지. 근데 바람은 왜 부는 걸까?"

"오빠는 그것도 몰라?"

"너, 넌…… 아니?"

정말 바람은 왜 생기는 것일까?

결론을 말하자면 바람은 공기의 흐름이라고 할 수 있다. 추운 겨울 난방기를 틀었는데도 실내에서는 찬바람이 부는 것 같이 느껴질 때가 있다. 난방기를 틀면 난방기 주변의 공기가 따뜻해지면서 위쪽으로 올라간다. 이때 바닥 쪽에는 대기의 압력보다 낮은 압력이 발생하는데 이런 현상을 부압이라고 한다. 즉 데워진 공기가 위로 올라가면서 아래쪽에 생긴 빈 공간의 기압이 일시적으로 낮아지는 것으로 이를 저기압이라고 한다. 이러한 공기의 압력차 때문에 더운 공기가 이동해서 생긴 빈 공간을 채우기 위해 찬 공기가 난방기가 있는 쪽으로 흐르게 된다. 이렇게 천장 쪽으로 올라간 따뜻한 공기는 벽이나 천장을 지나면서 다시 차가워지고 무거워져서 바닥으로 내려왔다가 다시

258

따뜻해지면서 올라가는 공기 순환이 계속 일어난다.

자연에서 예를 들면 바닷가를 생각해 보자. 육지는 바다보다 태양열에 의해 더 빨리 뜨거워진다. 뜨거워진 육지 주변의 공기는 위로 올라가고, 더운 공기의 이동으로 생긴 빈 공간을 메우기 위해 바다로부터 찬 공기가 육지 쪽으로 이동한다. 이렇게 이동한 공기는 데워져서 다시 위로 올라간다. 이러한 순환이 반복되면서 바닷가에는 시원하고 상쾌한 바닷바람이 불게 된다. 기온이 낮은 밤에는 이와 반대의 현상이 일어난다. 이와 같이 온도의 변화에 따라 기압이 변함으로서 대류현상이 나타나며 이로 인해 바람이 불게 되는 것이다.

그러면 바람의 방향과 세기가 달라지는 이유는 무엇일까?

그것은 고기압과 저기압이 만나면 기압이 높은 쪽이 낮은 쪽으로 기압을 맞추기 위해 기압이 이동하면서 공기를 밀어내기 때문에 바람의 방향이 달라지며, 이때 기압 차이가 생길 때 바람이 부는데, 기압 차이가 클수록 바람도 강하게 불게 된다.

우박은 5월 말부터 6월 말까지 비교적 따뜻할 때 주로 내리며 차가운 얼음덩어리로 이루어져 있다. 우박의 크기는 구름 속에서 얼마나 오랫동안 오르내렸느냐에 따라 결정된다. 우박이 지표면으로 떨어질 때의 크기는 다양한데 콩만한 크기에서 커다란 것은 테니스공만큼 큰 것도 있다. 지금까지 관측된 우박 중 가장 큰 것은 직경이 14cm이고 무게가 680g이었다고 한다.

우박이 만들어지기 위해서는 많은 수분이 필요하기 때문에 건조한 겨울보다는 따뜻한 계절에 더 자주 만들어진다. 우박이 만들어지는 곳은 여름에도 빙점 이하의 차가운 기온을 유지하고 있기 때문에 수분만 충분하면 언제든지 만들어질 수 있다.

지표면에서 데워진 공기가 상승하게 되면 그 안에 섞여 있던 수증기는 10km 이상의 대기중에서 눈이나 얼음알갱이 상태로 존재하게 된다. 그런데 하강기류가 생기면 눈이나 얼음알갱이도 하강하게 되고 이러한 눈이나 얼음알갱이는 호우가 되기도 한다. 또 수증기가 다시 상승기류를 타고 빙결 고도까지 상승하게 되면 또다시 얼음알갱이나 눈으로 변한다.

　이처럼 상승과 하강을 반복하면서 얼음알갱이에 물방울이 달라붙어 커지게 되는데 무게가 무거워지면 상승기류가 생겨도 같이 상승하지 못하고 땅으로 떨어지게 된다. 이것이 바로 우박이다. 중위도 지역에 봄·가을에 많이 나타나며, 고위도에서는 여름에 잘 나타난다. 하지만 지상의 기온이 25℃ 이상일 때는 땅에 닿기 전에 모두 녹아버린다.

　보통 기온이 3℃ 정도일 때는 눈이 오지만 지상이 3℃에서 4℃ 사이일 때는 진눈깨비가 내리고 4℃ 이상이면 비로 내린다. 눈구름이 분포하는 곳은 하늘 위 1~2km 지역으로 지상보다 6~12℃ 정도 기온이 낮다. 그래서 눈구름이 얼어붙는 것이다. 보통 직경이 5mm 이상일 때 우박, 그보다 작은 것은 싸라기눈이라고 부른다.

목에는 공기의 통로인 기도와 음식물의 통로인 식도가 있다. 목소리는 폐에서 나온 공기가 목 아랫부분에 있는 성대의 중앙을 통과한 다음 발성 통로를 지나 밖으로 나오면서 만들어진다. 이때 성대의 긴장으로 인해 공기 압력이 변하면서 공기가 진동해 다양한 소리가 만들어진다. 목소리의 높낮이는 소리의 진동수에 의해, 목소리의 크기는 소리의 진폭에 의해, 다양한 목소리는 소리의 파형에 의해 만들어지게 된다. 또 발성 통로를 통과한 진동이 입안에서 공명을 일으키기 때문에 입안에 있는 공기의 종류도 목소리를 결정하는 하나의 원인이 된다. 입안의 공기의 밀도에 따라 다른 진동수를 가지게 되어 목소리가 변하는 것이다.

헬륨의 밀도는 공기보다 작기 때문에 공기를 통과할 때보다 소리의 속도가 빨라지게 된다. 그래서 헬륨 가스를 마시면 목소리의 진동수가 빨라져서 높은 소리가 나게 된다. 관악기의 안에 헬륨 가스를 채우고 연주해도 똑같은 현상을 볼 수 있다. 헬륨과는 반대로 크립톤이라는 밀도가 매우 높으면서 인체에는 무해한 기체가 있다. 이 기체를 마시면 목소리가 매우 낮아진다고 한다.

번개는 어떻게 만들어질까?

번개가 만들어지려면 일단 구름이 있어야 된다. 그래서 장마철에 번개가 많이 치고 고온 다습한 지방에서 번개가 많이 친다. 지상이나 바다, 강 등에서 증발한 수증기는 위로 올라가 상승기류를 형성한다. 공기가 위로 올라가면 단열 팽창하므로 온도가 하강하여 적란운을 만들어낸다. 위로 올라갈수록 온도가 급격히 하강하여 수증기가 모여 얼음결정을 만들어낸다. 그 얼음결정들은 상승기류에 의해 이리저리 떠다니게 된다. 그 얼음결정들은 작은 것과 큰 것으로 나뉘어져 작은 것은 '-'극, 큰 것은 '+'극으로 나뉜다. 그래서 -극이 +극을 끌어당기면서 서로 충돌하는데 이 과정을 번개라고 한다.

천둥은 번개가 칠 때 같이 들리는 큰 소리를 말한다. 번개가 칠 때는 순식간에 엄청난 고온이 발생해 초음속으로 공기가 팽창하기 때문에 가압의 충격파를 일으켜 울리게 된다. 번개와 천둥이 동시에 일어나지 않는 것처럼 느껴지는 이유는 번개의 번쩍임이 우리에게 도착하는 시간보다 천둥소리가 우리에게 도착하는 시간이 느리기 때문이다.

세계에서 번개가 제일 많이 치는 곳은 미국의 플로리다 주에 있

263

다. 그 곳에서는 1년 중 100일이나 번개를 볼 수 있다고 한다. 전하는 항상 도체의 표면에만 존재하기 때문에 차 내부에는 전하가 존재하지 않으므로 차 안은 매우 안전한 곳이다. 또 전하는 뾰족한 곳에 많이 존재하므로 피뢰침이 있는 건물 안도 매우 안전한 곳이라고 할 수 있다.

음이온은 혈액의 pH 상승에 도움을 주며 뇌 속의 세로토닌 농도를 조절해서 불안감이나 긴장감을 줄여준다. 또 혈액 중의 전자 농도를 증가시켜서 체내 활성산소의 활동을 억제하고 노화를 방지하는 항산화작용을 한다. 때문에 공기 중에 음이온이 많아지면 스트레스 호르몬 분비량이 줄어들고 혈액순환과 물질대사가 활발해지며 면역력이 증가된다. 또 세포가 건강해져서 질병의 예방과 치료에 도움을 준다.

모든 물질을 구성하고 있는 원자는 원자핵과 전자로 이루어져 있고, 원자핵 속에는 양성자와 중성자가 들어 있다. 양성자는 (+)전하를 띠고 전자는 (−)전하를 띠는데, 양성자가 전자보다 많을 때를 양이온, 전자의 수가 양성자의 수보다 많을 때를 음이온이라 한다.

양이온이 증가하면 몸 안에 활성산소가 많아져서 혈액이나 체액이 산성화되면서 면역력이 떨어지고 독소가 쌓이게 된다. 건강한 환경을 위해서는 $1cm^3$당 400~1,000개의 음이온이 있어야 하는데, 서울의 도심과 같이 오염된 곳에서는 거의 0에 가깝다고 한다. 그리고 오염물질이 거의 없는 숲속이나 바닷가 같은 곳에서는 음이온이 풍부하기 때문에 좋은 기분을 느낄 수 있다고 한다.

Why

바다는 왜 파랄까?

태양광선의 색은 모든 빛의 색이 섞인 흰색이다. 이 빛은 파도 모양의 물결을 이루고 있는데 이 물결의 마루와 마루 사이의 거리를 파장이라고 한다. 각각의 광선은 일정한 길이의 파장을 이루고 있는데 붉은빛의 파장이 파란빛의 파장보다 두 배 정도 길고, 적외선 쪽으로 갈수록 길어지며 자외선 쪽으로 갈수록 짧아진다. 이 태양광선이 물체에 닿으면 어떤 빛은 흡수되고 어떤 빛은 반사된다. 이때 반사된 빛에 의해 색이 결정된다. 보통 붉은빛과 노란빛은 파장이 길고 녹색빛과 파란빛은 파장이 짧은데, 파장이 긴 빛은 흡수가 더 잘 된다. 하늘과 바다가 파란 이유는 태양광선 중 붉은색은 흡수되고 파란색이 분사 또는 반사되기 때문이다. 바다의 수심에 따라 붉은색, 노란색, 녹색의 순서로 사라지고 청색은 점점 짙어지게 된다. 또 태양광선이 강할수록 파란색도 더 강하게 반사된다.

북해나 발트 해처럼 차가운 바다에는 녹색을 뺀 나머지 빛을 흡수하는 엽록체를 가진 미세한 해초가 많이 서식하기 때문에 녹색을 띤다. 홍해가 붉은색을 띠는 이유는 태양광선의 붉은빛을 반사하는 파래가 많기 때문이고, 산화된 철이 녹아 있을 때도 붉은색을 띤다. 하지만 이런 색을 띠고 있는 바다는 면적이 적기 때문에 우주에서 바라보는 지구는 푸른색으로 보이는 것이다.

또 태양은 이른 아침이나 저녁 무렵에는 수평선이나 지평선 쪽에 있어 낮보다 먼 거리를 이동해야 하고 시간도 오래 걸린다. 이렇게 먼 거리를 이동하기 때문에 광선은 더 많은 공기 분자와 충돌하며 흩어지게 된다. 그래서 파장이 짧은 파란빛은 산란되어 버리고 파장이 긴 붉은빛, 주황빛, 노란빛만이 대기를 통과하기 때문에 아침과 저녁에 붉은 하늘을 볼 수 있는 것이다. 또 공기 중에 수증기와 먼지 입자가 많을수록 이 붉은 색은 더욱 강렬해진다.

무지개는 비가 그친 뒤 바로 햇빛이 비쳐야 만들어진다. 태양광선은 물방울에 닿으면서 굴절되어 물방울 속으로 꺾여 들어간다. 이때 태양광 속에 있는 여러 종류의 빛이 각기 다른 방향으로 꺾여 진행하다가 물방울과 공기의 경계면에서 반사된다. 반사된 빛은 다시 물방울 속을 진행하다가 다시 공기와의 경계면에서 일부는 반사되고 일부는 공기 중으로 꺾여서 물방울 밖으로 나타난다. 이 과정을 통해서 우리는 빨강, 주황, 노랑, 초록, 파랑, 보라 등의 색으로 이루어진 무지개를 볼 수 있게 된다.

보통 무지개의 모양을 반원형으로 생각하지만 실제의 무지개는 원 모양을 하고 있다. 태양이 저녁 무렵처럼 수평선 가까이 있으면 좀 더 원에 가까운 무지개를 볼 수 있으며, 비행기나 기구 등을 이용해 높은 곳에서 보면 원을 이루고 있는 무지개를 볼 수 있다고 한다. 태양의 위치에 따라 무지개의 원이 변화하게 되는데 태양이 하늘 높이 떠 있을 때는 원 모양의 일부가 땅 밑으로 사라지기 때문에 대부분의 경우에는 반원형의 무지개만 볼 수 있는 것이다.

토·막·상·식

날씨에 관한 속담 10

청개구리가 울면 비가 온다

일본에서 조사한 바에 의하여 5월에서 12월 사이에 청개구리가 울어서 비가 오는 확률이 23~66%라고 한다. 그러니까 이 속담은 그렇게 신빙성이 있다고 볼 수는 없다.

달무리가 지면 비가 온다

달무리는 8km 정도의 높이에 권층운이 나타날 때 생기는 것으로, 구름 속에 가늘고 무수한 빙정 때문에 달빛이 굴절되어 생긴다. 그런데 권층운이 거의 전 하늘을 덮게 되면 온난전선이 가까와짐을 뜻하므로 차츰 중층운, 하층운이 밀려와서 비가 오게 된다.

소리가 잘 들리면 비가 온다

날씨가 좋은 날은 지면이 따뜻해져서 공기의 아랫층은 따뜻해지고 윗층은 차가워지게 되어 그 밀도차가 커진다. 이렇게 공기의 밀도차가 커지면 소리는 윗쪽으로 나가게 되어 멀리 전파를 못한다. 반대로 구름이 끼어 일사가 약해지면 지면의 가열이 충분치 못하여 상하층의 기온차, 즉 밀도차가 없어져 소리는 상층으로 퍼져나가지 못하고 멀리 전파하게 된다. 또 이런 날은 습도도 높기 때문에 소리의 전파가 쉽다.

가을에 맑은 날이 4일간 계속되면 그 후에 비가 온다

가을에 이동성 고기압이 통과할 때는 날씨가 맑고 이 고기압의 후면에 따라오는 저기압 혹은 기압골이 지날 때는 날씨가 나쁘게 된다. 그래서 이동성 고기압이 약 4일간 날씨를 지배하게 되면 그 다음은 날씨가 나빠질 확률이 많다는 것이다.

은하수에 구름이 없으면 10일 동안은 비가 내리지 않는다

여름 밤 은하수 부근에 구름이 없어 은하수가 맑게 보인다는 것은 기온이 높은 북태평양 고기압이 우리 나라를 지배하고 있기 때문이다. 또 은하수에 별이 많이 보이는 해는 비가 적다는 말도 있다.

서리가 많이 내린 날은 맑다

날씨가 좋은 날 야간에 복사냉각이 심하여 지면이 차가워지면 지표부근의 공기중에서 수증기가 승화하여 서리가 된다. 이런 날은 맑다.

지렁이가 땅 밖으로 나오면 비가 온다

지렁이는 건조하기 쉬운 피부를 가지고 있어서 비가 오기 전과 같은 습한 날에만 밖으로 나올 수 있다. 또 지렁이는 피부로 호흡을 하는데 비가 올 때는 땅 속에 물이 가득 차서 피부로 호흡하기가 곤란해져 땅 밖으로 나온다. 그런데 다시 땅속으로 돌아가지 못하면 죽게 된다.

제비가 지면 가까이 날면 비가 온다
곤충들은 비가 오기 전에 비가 올 것을 예감하고 지표면 가까이 내려가 숨을 장소를 찾는다. 그래서 그들을 잡아먹는 제비도 역시 땅 가까이 날게 된다.

아침 무지개는 비가 올 징조다
무지개는 빗방울이 햇빛에 비쳐서 굴절 반사되어 나타나는 현상으로 항상 태양 반대쪽에 나타난다. 따라서 아침 무지개는 서쪽에 나타나는데, 우리나라는 날씨가 서쪽에서부터 변해 오므로 서쪽의 습한 날씨가 곧 올 것이라는 것을 말하는 뜻한다.

저녁 노을은 다음날 맑음을 뜻한다
노을은 햇빛이 공기 중을 길게 통과할 때 빛의 파장이 긴 붉은 빛만 멀리까지 와서 붉게 보이는 것이다. 그런데 습한 공기가 있다면 붉은 파장마저 산란되어서 노을이 생기지 않는다. 즉, 저녁 노을은 해가 지는 쪽의 공기가 맑다는 것을 뜻하며 내일 그 맑은 날씨가 올 것임을 뜻한다.